JN259958

化学の要点
シリーズ
10

有機機器分析

構造解析の達人を目指して

日本化学会 [編]
村田道雄 [著]

共立出版

『化学の要点シリーズ』編集委員会

編集委員長	井上晴夫	首都大学東京 人工光合成研究センター長・特任教授
編集委員 (50音順)	池田富樹	中央大学 研究開発機構　教授
	岩澤康裕	電気通信大学 燃料電池イノベーション研究センター長・特任教授
	上村大輔	神奈川大学 理学部化学科　教授
	佐々木政子	東海大学　名誉教授
本書担当編集委員	上村大輔	神奈川大学 理学部化学科　教授
	岩下　孝	公益財団法人 サントリー生命科学財団 生物有機科学研究所　特任研究員

『化学の要点シリーズ』
発刊に際して

　現在，我が国の大学教育は大きな節目を迎えている．近年の少子化傾向，大学進学率の上昇と連動して，各大学で学生の学力スペクトルが以前に比較して，大きく拡大していることが実感されている．これまでの「化学を専門とする学部学生」を対象にした大学教育の実態も大きく変貌しつつある．自主的な勉学を前提とし「背中を見せる」教育のみに依拠する時代は終焉しつつある．一方で，インターネット等の情報検索手段の普及により，比較的安易に学修すべき内容の一部を入手することが可能でありながらも，その実態は断片的，表層的な理解にとどまってしまい，本人の資質を十分に開花させるきっかけにはなりにくい事例が多くみられる．このような状況で，「適切な教科書」，適切な内容と適切な分量の「読み通せる教科書」が実は渇望されている．学修の志を立て，学問体系のひとつひとつを反芻しながら咀嚼し学術の基礎体力を形成する過程で，教科書の果たす役割はきわめて大きい．

　例えば，それまでは部分的に理解が困難であった概念なども適切な教科書に出会うことによって，目から鱗が落ちるがごとく，急速に全体像を把握することが可能になることが多い．化学教科の中にあるそのような，多くの「要点」を発見，理解することを目的とするのが，本シリーズである．大学教育の現状を踏まえて，「化学を将来専門とする学部学生」を対象に学部教育と大学院教育の連結を踏まえ，徹底的な基礎概念の修得を目指した新しい『化学の要点シリーズ』を刊行する．なお，ここで言う「要点」とは，化学の中で最も重要な概念を指すというよりも，上述のような学修する際の「要点」を意味している．

本シリーズの特徴を下記に示す．

1) 科目ごとに，修得のポイントとなる重要な項目・概念などをわかりやすく記述する．
2) 「要点」を網羅するのではなく，理解に焦点を当てた記述をする．
3) 「内容は高く」，「表現はできるだけやさしく」をモットーとする．
4) 高校で必ずしも数式の取り扱いが得意ではなかった学生にも，基本概念の修得が可能となるよう，数式をできるだけ使用せずに解説する．
5) 理解を補う「専門用語，具体例，関連する最先端の研究事例」などをコラムで解説し，第一線の研究者群が執筆にあたる．
6) 視覚的に理解しやすい図，イラストなどをなるべく多く挿入する．

本シリーズが，読者にとって有意義な教科書となることを期待している．

『化学の要点シリーズ』編集委員会
井上晴夫　池田富樹　岩澤康裕　上村大輔　佐々木政子

まえがき

　化学は分子を扱う．したがって，化学の研究を行うには分子の構造を正確に知っておく必要がある．本書では，NMRを中心に有機化合物の構造解析を行うときのコツを伝えることを主目的とした．構造解析が必要となる場面は意外と多く，化学反応によって生成物が得られたときや，新しい生物活性物質を発見したときには，分子構造を決めなければならない．また，生物学においても，構造生物学の発展によって，分子構造を議論する機会が増えている．このように構造決定は有機化学のみならず，生物化学や生物物理学などの基礎となっており，さまざまな分野の研究者に必要とされる基本技術となってきた．

　実際に化学や生物化学分野の大学研究室では，有機化合物や生体分子の構造解析を行う機会は多い．また，化学系企業や製薬企業における研究開発でも，化合物の同定は重要な技術となっている．したがって，構造解析の基礎を身につけておくことは，研究者としての将来にプラスになる．これら実用面での利点に加えて，構造解析を行う過程で有機化合物の立体構造や反応性についての構造に根ざした考え方を身につけることができる．たとえば，^{1}H NMR スペクトルで NOE を使って立体配置を決定するためには，立体配座が予測できなければならないし，第二，第三の立体異性体についても推定しておかなければならない．また，^{13}C NMR 化学シフトは立体障害やカルボニル化合物の親電子性の指標となることがある．

　本書は，実際に天然有機化合物などの構造解析を行う折の指針になることを目的とした．また，化学の要点シリーズの趣旨に添うように，構造解析に必要なデータを示すのではなく，それらを総合し

て解釈するときの要点を記すように心がけた．構造解析になじみの少ない読者が，これら要点を身につけるためには，同時にスペクトル解析の参考書や問題集を読み進むようにするとよい．

　本書を執筆するに当たり，共立出版の酒井美幸氏，山本藍子両氏には大いにご迷惑をおかけしたことをまずはお詫びする．また，本書執筆の機会を与えて下さり，貴重なアドバイスを頂戴した本シリーズ編集委員・上村大輔先生に感謝したい．加えて，本書を査読してくださった，岩下 孝博士，松岡 茂博士，松岡めぐみ氏に深謝する．最後に，多忙中コラムを執筆して頂いた同僚の松森信明博士，花島慎弥博士にお礼を申し上げる．

2013 年初冬

村 田 道 雄
待兼山にて

目　　次

第1章　有機構造解析とは …………………………………………1

第2章　質量分析スペクトル ……………………………………5

2.1　分子関連イオンピークの見分け方 …………………………5
2.2　特殊な同位体分布をもつ元素の検出 ………………………10
2.3　高質量の化合物の分子量を求めるときの注意点 …………11
2.4　高分解能質量測定 ……………………………………………16

第3章　NMRスペクトル …………………………………………17

3.1　NMRを使うときに ……………………………………………17
3.2　NMR測定試料の調製 …………………………………………20
3.3　炭素骨格構造の決定 …………………………………………23
3.4　異常なNMRデータ ……………………………………………30
3.5　立体配置の決定 ………………………………………………33
　3.5.1　NOEを用いた立体配置の決定 …………………………34
　3.5.2　スピン結合定数を用いた立体配置の決定 ……………38
　3.5.3　ユニバーサルNMRデータベース法
　　　　　―もう一つの立体配置決定法― ……………………49
3.6　絶対立体配置の決定 …………………………………………53
3.7　立体配座（コンフォメーション）の推定 …………………56

第4章 UV, CD, IR スペクトル ……61

4.1 UV スペクトル ……61
4.2 CD スペクトル ……63
4.3 IR スペクトル ……65

第5章 構造解析に必要な化学反応 ……69

5.1 誘導化反応 ……70
 5.1.1 全アセチル化 ……70
 5.1.2 MTPA エステル化 ……70
 5.1.3 メチル化 ……71
5.2 分解反応 ……71
 5.2.1 加水分解 ……71
 5.2.2 二重結合の開裂 ……72
 5.2.3 1,2-ジオールの開裂 ……73

第6章 実際の構造解析上の注意点 ……75

6.1 NMR 試料の最終精製 ……75
6.2 構造解析の前にやっておくべきこと ……76
6.3 NMR の測定と解析 ……77
6.4 その他スペクトルの測定 ……80
6.5 含有元素の推定 ……80
6.6 分子式の推定 ……83
6.7 平面構造の決定 ……84
6.8 立体構造の推定 ……86
6.9 化学誘導 ……87

6.10　得られた構造の確認と公表 …………………………………… 90

第7章　おわりに ……………………………………………………**95**

参考になる文献，著書 ……………………………………………**97**

索　引 …………………………………………………………………**99**

コラム目次

1. CID MS/MS による構造解析例―イェッソトキシンの構造解析
   14
2. NMR を用いた糖鎖のタンパク質との結合配座解析 36
3. 新しい手法による立体配置の予測―残余双極子を利用する
   52
4. 結晶スポンジ法による天然有機化合物の X 線結晶構造解析
   58
5. 計算化学による NMR 化学シフトの予測 88

第1章 有機構造解析とは

　有機化学において構造解析が必要なケースは，主に以下の三つに分けることができる．

① まったく構造のわからない化合物の構造を決める
② 部分的に構造を決める（合成品の構造確認など）
③ 構造のわかっている化合物と同じかどうか調べる（化合物の同定）

　ここでの「有機化学において」とは，タンパク質などの生体高分子を除いた「低分子有機化合物」を対象とするという意味である．したがって，有機化学に直接関連のない分野でも，低分子化合物の構造を調べるときには，この小冊子が役立つであろう．

　本書の読者として，有機合成化学や天然物化学，生化学などの分野を専攻する大学院生で，構造解析を始めて1,2年経過した者を想定している．しかし，構造解析を習ったことがない学部学生にも，参考になるような内容を盛り込んだ．スペクトルを用いた構造解析について学ぶために，優れた教科書や演習問題集が多数出版されている．官能基別のNMR化学シフトやIRの波長位置，NMRや質量分析の基礎，二次元NMRの読み方などは，巻末に挙げた教科書などを参考にしてほしい．また，本書の大部分は筆者の実験経験

に基づいているので，必然的に天然有機化合物を対象とした構造解析を取り上げることが多く，有機材料や錯化合物などには直接適応できないところもある．

有機化合物には幅広い構造多様性があり，すべての化合物に有用な構造決定法は存在しない．本書で取り上げる，NMR等のスペクトル法で構造解析可能な「低分子化合物」とは以下の通りである．

① 分子量が200〜3000．ただし，核酸や糖質など，極めて類似した部分構造が繰り返したもの，いわゆるバイオポリマーは除く．ペプチドはアミノ酸の構造が多様であるのでNMRによる構造決定は比較的有効である．また，分子量200以下のものはデータベースで検索するだけで化合物を同定できる可能性が高いので対象外である．
② 水素が少なくとも分子量の3%以上含まれること．たとえば，フラーレンC_{60}またはその誘導体の構造解析をNMRで行うのは非常に難しい．
③ 溶媒にある程度溶けること．たとえば，NMR用重水素溶媒に対して10 µM以上の濃度で溶かせないものはNMRを測定できないので別の方法を探すべきである．

このように書くと本書で述べる構造解析の適用範囲が限られているように思われるが，②や③が実際に問題になることはほとんどない．①や②で範疇から外れる化合物については，単結晶X線回折法を含む他の方法を試したほうがよい．特に，読者が構造決定したいと思っている化合物の結晶が得られるのであれば，X線回折を試みるべきであろう．現在の単結晶X線回折法は非常に小さな結晶でも可能であり，回折像が得られれば構造解析は意外なほど簡単で

ある．コラム4で紹介されているように，現在の単結晶X線回折法は多様な発展を遂げており，応用範囲も拡大している．

　以下に，スペクトル法に則して，有機化合物の構造解析法の実際を解説する．順序は必ずしも実際にスペクトル測定する順番になっていない．UVとIRスペクトルは後半に述べた．なぜならば，UVとIRから推定できる構造情報の大部分はNMRによって得ることができるのでNMRを最初に測定したほうがよいからである．CDについては，UVとの関連が高いので，同じ章で述べることにした．さらに，対象化合物そのもののスペクトルだけでは構造決定できないことも多いので，そのときに必要な化学反応と誘導化についても述べることにした．6章では，構造解析の手順に沿って，2～5章の内容を踏まえ，さらに補足情報をつけ加えた．特に5章と6章については，筆者の研究経験に密接に関連しており，いわゆる我流である．本質的には，最先端の機器分析法にも通じるところがあると思うが，その一部は現在では必ずしも標準的な方法ではないかもしれない．

第2章

質量分析スペクトル

有機構造解析において，質量分析スペクトル（MS）は明確な役割を担っている．それは分子量の決定と分子式の推定である．最近，分子生物学やオミックスといわれる網羅的解析に質量分析が頻繁に用いられるようになり，装置も改良されている．高分解能装置も以前の磁場型から，飛行時間型やイオントラップ型に移ってきている．本書で扱う構造解析の対象は，比較的複雑な化合物が中心となるので，分子量が500以上で極性官能基を有する化合物に焦点を絞る．以下に，分子量を得るために必要な注意事項を中心に述べ，最後にMS/MS装置を用いた構造解析についてコラム欄で紹介する．

2.1 分子関連イオンピークの見分け方

質量分析では，中性分子ではなくイオンの質量を測定していることを思い出そう．イオン化した状態の質量しか知ることができないので直接分子量を得ることはできない．電子衝撃方法などの数種のイオン化法を除き，イオンの質量と中性分子の質量は1ダルトン（Da）以上異なる．たとえば，カルボン酸などの酸性官能基があれば水素陽イオンが脱離した負イオン，すなわち，カルボキシラートになることは容易に想像できるので，元の中性分子の質量は1 Da

を加えるとよいことになる．しかし，イオン官能基が存在しない化合物を，一般的なESIイオン化法（Electrospray Ionization）やMALDI法（Matrix-Assisted Laser Desorption Ionization）などで測定した場合には，どのような正イオンを与えるのであろうか．これは通常の有機化学の知識だけでは容易に予想できないが，幸いにも解決法は比較的単純である．プロトンが付加したイオン，ナトリウムイオンが付加したイオン，その他1族アルカリ金属が付加したイオンが観測されやすい．このような分子にイオンが付加したり，塩からイオンが脱離したイオンを分子関連イオンと呼ぶ．すなわち，付加イオンの場合は，分子関連イオンからプロトンの場合は1 Da，ナトリウムイオンの場合は23 Da引いた値が中性分子の質量になる．もう一つの問題は，観測されているイオンの価数が，わかりにくい場合で，たとえば，ESI法によるイオン化では，二価，三価のイオンなどの多価のイオンが比較的出やすくなる．まったく分子量について予備知識がなければ，二価の分子イオン，つまり$(M+Na_2)^{2+}$のようなものを分子関連イオン，$(M+Na)^+$と解釈してしまう危険性がある．このときは，同位体ピークが役に立つ．つまり，同位体ピークは主にイオンに含まれる炭素-13によって生じるので，その間隔は1 Daである．したがって，二価や三価のイオンでは，その間隔が0.5や0.33になっているはずであり，これがわかれば容易に価数を決定できる．多価のイオンの生成しやすさはイオン化法に依存しており，EI（Electron Impact），MALDIやFAB（Fast Atom Bombardment）イオン化法はほとんど一価イオンを与えるので，この問題はない．以上で明らかなように，質量分析スペクトルにおいて，注意しなければならないことはイオン化法の選択である．質量分析におけるイオン化法と質量分離法をまとめて，表2.1と表2.2に示した．

表 2.1 イオン化法のまとめ

イオン化法	生成するイオン	感度	長所	短所
電子衝撃 (EI)	M^+	ng~pg	データベースで探索が可能 構造情報が得られる	M^+が現れないことがある
化学イオン化	M+1, M+18 など	ng~pg	分子関連イオンが通常現れる	構造情報がほとんど得られない
高速原子衝撃 (FAB)	M+1, M+カチオン M+マトリックス	μg~ng	不揮発性化合物の測定が可能 糖やアミノ酸の配列情報が得られる	マトリックスによる妨害がある 解析が困難
レーザー脱離 (MALDI)	M+1, M+マトリックス	μg~ng	不揮発性化合物の測定が可能 試料は瞬時にイオン化する	マトリックスによる妨害がある
エレクトロスプレー (ESI)	$(M+Na)^+$ $(M+2Na)^{++}$ $(M+3Na)^{+++}$ など	ng~pg	不揮発性化合物の測定が可能 LCと接続が可能 多価イオンが生成する	対象試料の種類が限られている 構造情報がほとんど得られない

【出典】Silver Stein ほか著,荒木 峻 ほか訳:『有機化合物のスペクトルによる同定法—MS, IR, NMR の併用』第7版,東京化学同人 (2006)

表 2.2 質量分離装置のまとめ

質量分離装置	質量範囲	分解能	感度	長 所	短 所
磁場型	1〜15,000 m/z	0.0001	低	分解能が高い	感度が低い 高価 高度の専門技術が必要
四重極型	1〜5000 m/z	ユニット	高	操作が容易 安価 感度が高い	分解能が低い 質量範囲が狭い
イオントラップ型	1〜5000 m/z	ユニット	高	操作が容易 安価 感度が高い タンデム質量分析 (MS^n) が可能	分解能が低い 質量範囲が狭い
飛行時間型	無制限	0.0001	高	質量範囲が広い 分解能がきわめて高い 構造が単純	
フーリエ変換型	最大 70 kDa まで	0.0001	高	分解能がきわめて高い 質量範囲がきわめて広い	非常に高価 高度の専門技術が必要

次に，数あるイオンピークのなかから，どのように分子イオンピークを見つけるか，が問題となってくる．高質量側の比較的強度の大きいピークが分子関連イオンピークらしいという以外に見分ける方法はあるのだろうか？ 残念ながら答えは No であり，質量分析だけでは一義的に決まらないことが多い．試料の純度がよく，無機塩などの不純物が含まれていないとしたら，高質量側の比較的強度の大きいピークがまずは分子イオンピークの第一候補になる．しかし，このピークが分子イオンの解裂の結果生じたイオンである可能性もある．筆者も硫酸エステルを二つ含む酸性化合物の質量分析を行ったときに，FAB イオン化法では脱硫酸したイオンピークしか得られなかった経験をもつ．これを確かめるために，他の機器分析データを参照する．まず，^{13}C NMR スペクトルから炭素数を数えておくことが重要である（詳しくは NMR の章を参照）．また，他の元素，特に酸素，窒素，ハロゲンの有無を調べる必要がある．酸素については，^{13}C NMR からアルコール性やエーテル性の炭素の数は比較的容易に求まる．また，カルボニル炭素はほぼ確実に検出することができるので，これら官能基に含まれる酸素原子の数をかなりの精度で知ることができる．水素の数であるが，これも後述のように ^{13}C NMR スペクトルから求めることができる．あとは，その他の元素であるが，これらは直ぐに検出できないものが多い．窒素，イオウについては元素分析が最も信頼できる．ただし，酸性化合物の場合は，窒素が元素分析で検出されても，精製法によっては，対イオンが窒素を含むこともあるので注意が必要である．C，H，O 以外の元素のなかでも，特に窒素の存在は構造解析を困難にするので，あらかじめ有無を確かめておく必要がある．^{1}H{^{15}N} HMBC などの方法を用いて NMR で検出する方法もあるが，質量分析でもある程度予測することができる．よく知られている分子量の

窒素ルールでは，分子量が奇数のときは，必ず窒素が存在し，その数は奇数である．MALDI，FAB，ESI などの通常使用するイオン化法では，質量数が奇数の中性分子から生じる分子関連イオンピークは，偶数の質量数を与えることに注意する．これは，プロトン，ナトリウム，カリウムなど通常の付加イオン（もしくは脱離イオン）の質量が奇数であることによる．

ハロゲンのうち塩素と臭素は後述の同位体分布によって質量分析で容易にわかる．他方，フッ素とヨウ素については少々厄介であるが，現実には，天然有機化合物ではこれら元素は除外してよいし，合成品ではそれらが入っているかどうかは容易に予想できるはずである．以上のように，分子のなかに含まれる元素と，大体の原子数を調べておけば，質量分析で得られたイオン質量が，分子量に近いかどうかを判断することができる．

2.2 特殊な同位体分布をもつ元素の検出

質量分析において，特徴的な分子イオンピークを与える元素がいくつか存在する．表 2.3 にまとめて示したように，塩素と臭素は同位体の分布が特徴的で，塩素の場合は原子質量 35 と 37 の同位体が 3：1 の比で存在する．すなわち，炭素同位体（後述）を考えないとすると，分子イオンピークで 2 Da 異なるものが，低質量側と高質量側の強度比が約 3：1 で得られることになる．このようなピーク対が認められたときは，塩素が 1 原子含まれていると考えればよい．塩素が二つ含まれる場合には，2 Da 異なるピーク数が三つになり，その強度比は，9：6：1 となる．また，臭素では，^{79}Br と ^{81}Br の存在比がほぼ 1：1 であるので，一つ臭素が含まれていれば，イオンピークで 2 Da 異なるものが強度比 1：1 で現れ

表 2.3 安定同位体と存在量

元 素	同位体	存在量(%)	同位体	存在量(%)*	同位体	存在量(%)*
炭 素	^{12}C	100	^{13}C	1.11		
水 素	^{1}H	100	^{2}H	0.016		
窒 素	^{14}N	100	^{15}N	0.38		
酸 素	^{16}O	100	^{17}O	0.04	^{18}O	0.2
フッ素	^{19}F	100				
ケイ素	^{28}Si	100	^{29}Si	5.1	^{30}Si	3.35
リ ン	^{31}P	100				
硫 黄	^{32}S	100	^{33}S	0.78	^{34}S	4.4
塩 素	^{35}Cl	100			^{37}Cl	32.5
臭 素	^{79}Br	100			^{81}Br	98
ヨウ素	^{127}I	100				

＊低質量の同位体を100%としたときの%

る．この場合も臭素が二つ存在すると，約1：2：1となる．また，イオウも2Da大きい同位体^{34}Sがわずかではあるが4.4%存在している．ケイ素では，1質量大きい同位体が5.1%，2質量大きい同位体が3.4%存在しているので，細かく同位体ピークを見ればそれらの存在が予測できることがある．

2.3 高質量の化合物の分子量を求めるときの注意点

分子量が大きくなると，質量について二つの厄介な問題が生じてくる．その一つは，水素原子の質量のずれである．大部分の元素の同位体は，ほぼ整数の質量数を持っている．これは，原子がほぼ質量の等しい陽子と中性子および軽い電子から構成されており，電子は質量にほとんど寄与していないからである．しかし，水素は例外であり，0.78%もノミナル質量（1Da単位で表した質量）からずれている（表2.4）．他の原子も小数点以下三位がノミナル質量か

表 2.4 安定同位体の精密質量

元素	原子量	核種	質量*
水素	1.00794	^{1}H	1.00783
		D(^{2}H)	2.01410
炭素	12.0107	^{12}C	12.00000（基準）
		^{13}C	13.00336
窒素	14.0067	^{14}N	14.0031
		^{15}N	15.0001
酸素	15.9994	^{16}O	15.9949
		^{17}O	16.9991
		^{18}O	17.9992
フッ素	18.9984	^{19}F	18.9984
ケイ素	28.0855	^{28}Si	27.9769
		^{29}Si	28.9765
		^{30}Si	29.9738
リン	30.9738	^{31}P	30.9738
硫黄	32.0660	^{32}S	31.9721
		^{33}S	32.9715
		^{34}S	33.9679
塩素	35.4527	^{35}Cl	34.9689
		^{37}Cl	36.9659
臭素	79.904	^{79}Br	78.9183
		^{81}Br	80.9163
ヨウ素	126.9045	^{127}I	126.9045

＊ここでの質量とは一つの同位体の原子質量をいい，周期表の原子量とは異なる．後者は，ある元素について天然存在比の同位体の加重平均値をとったものである．

【出典】SilverSteinほか著，荒木 峻 ほか訳：『有機化合物のスペクトルによる同定法—MS, IR, NMR の併用』第 7 版，東京化学同人（2006）

らずれているものがあるが，一般の有機化合物では水素の原子数が最も多いので質量のずれに大きく寄与する．水素数が少ないとき

2.3 高質量の化合物の分子量を求めるときの注意点

は，整数からのずれも無視できる．たとえば，水素6個含むエタンの場合は，質量は30.047であり，ノミナル質量との差は小さい．しかし，これが水素を200個含む化合物になると，そのずれは1.57 Daとなり，ノミナル質量で計算した分子量と一致しなくなる．このときは，水素の影響を正確に評価する必要がある．また，通常わずかではあるが，酸素-16は少しノミナル質量より小さい値をとるので，酸素を多く含む化合物の場合にはこの分を補正しておいたほうがよい．

次の問題は，炭素-13の同位体である．NMRでは大変な恩恵を与えてくれている同位体であるが，質量分析になると少々厄介な問題を引き起こす．炭素同位体によってピーク数の増加とパターンの複雑化が生じる．すなわち，炭素-13は天然では1.1%しか存在しないが，分子量が大きな化合物で炭素数が70個くらいになると99%存在する炭素-12同位体のみで構成されている分子と，炭素-13を一つ以上含む分子（同位体異性体）の合計が大体等しくなる．また，炭素数が100個くらいになると，すべて炭素-12の分子と，炭素-13を一つ含み残りが炭素-12の分子の割合がほぼ等しくなる．すなわち，最も強度の大きいイオンピークではなく，その同位体ピーク群の最も小さい質量がわれわれの求める値となる．本書で扱う上限である分子量3000くらいの化合物では大体炭素の数は150くらいになっているので注意が必要である．特に，装置の分解能の限界や多価のイオンなどで，1 Daの質量差を持つ二つのピークが明確に分離できていないときは，重なったピークの頂点となる分子量は炭素-13が含まれた同位体イオンピークに由来することになる．この場合は，いわゆる周期表に出ている原子量（同位体の質量を加重平均したもので炭素が12.011）で計算したほうが，測定値が分子式から得られる値に近くなる．

コラム 1

CID MS/MS による構造解析例―イェッソトキシンの構造解析

　質量分析が分子量の決定以外で構造決定に重要な役割を果たすことがある．特に，タンパク質や糖質など，複数の類似したモノマーが繰り返す構造の場合は，質量分析は構造解析に有効である．他方，有機化合物の場合は炭素－炭素結合でつながった部分の構造解析が特に重要になるが，このような場合には，EI イオン化法や後で述べる CID MS/MS を除き，直接的な情報を得るのは困難である．EI 法についての解析法は成書に詳しく解説されているので省略するが，CID 法については，実例を紹介する．以下に，MALDI や ESI，FAB といった比較的一般的なイオン化法によっても得られる構造情報のうち，有機化合物の構造決定に役立つ例を挙げることにする．

　化合物は，海洋天然物であるイェッソトキシンであり，植物プランクトンの渦鞭毛藻によって生産される有毒物質である．この化合物の特徴は，梯子状エーテルと呼ばれているように，エーテル環が数珠つなぎになった構造を有し，末端付近に二つの硫酸エステルが存在することである．実際に CID MS/MS（Collision-Induced Dissociation MS/MS）を測定すると特徴的なプロダクトイオンが得られた（図参照）．骨格構造部分は，NMR 手法で構造決定されたが，このような梯子状エーテル構造は，ときに中員環の配座交換で NMR シグナルが観測されなくなったり，繰り返し構造や高い対象性によって NMR シグナルが重複したりするので，NMR 以外の方法による構造確認が望まれていた．イェッソトキシンの構造解析では，幸運なことに分子末端付近に二つの硫酸エステルが存在し，質量分析では Na^+ を失った分子関連イオンが観測された．すなわち，CID によって開裂したフラグメントのうち，硫酸エステルを有している左側由来のものだけが負イオンとなり，右側のものはイオン性官能基を持たないのでイオン化せず，したがって観測されない．この場合，プロダクトイオンの質量だけから，どのあたりで開裂が起こっているのかが容易に予想でき，

構造解析が大きく単純化できる．また，この方法は，イオン性官能基がない場合にでも，化学修飾によってカルボン酸やスルホン酸を導入できれば[†1]，イオン性を持たせることもできるので，必要性が高ければ色々な化合物において適用されるべき方法であると考える．

これらの化合物の構造決定には，実際には NMR が用いられたが，その構造の妥当性は，この CID MS/MS 測定によって証明されたといってよい．NMR も直接分子構造を観測しているわけのではないので，過ちを犯す可能性がある．NMR 以外の信頼できる構造解析法が適用できるのであれば，質量分析に限らず測定を試みるべきであり，構造を確認するためにあらゆる手段を用いたほうがよい．

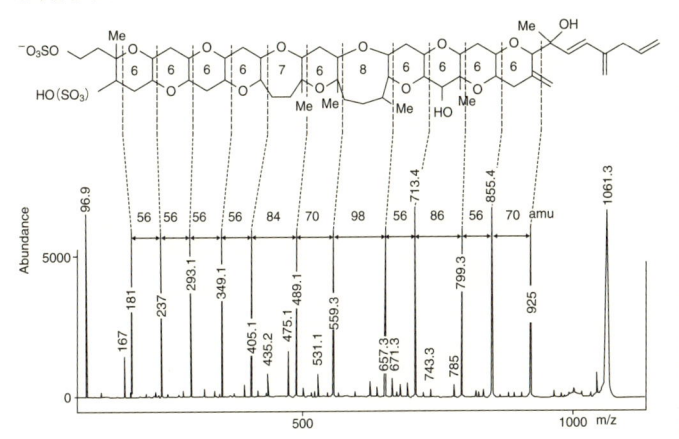

図　イェッソトキシンの陰イオン CID MS/MS スペクトル

MS/MS 分析における前駆イオンには，分子関連イオン（m/z 1141）を用いている．

【出典】直木秀夫：博士論文，東北大学（1993）

2.4 高分解能質量測定

原子質量の整数からのずれを利用すれば,質量を小数点以下三桁くらいまで正確に求めることによって分子式を決めることができる.水素の数が一つ違えば,0.0078 Da 違うことになり,この差は現在の装置を用いれば比較的容易に区別できる.質量分析は非常に少量の試料量で測定可能なので,CID や MALDI を装備した最新の TOF(飛行時間型)装置を用いる場合には,高分解モードで測定したほうがよい.ただし,装置の調整が正しく行われていないとかなりのずれが生じるので,質量数の近い,分子式がわかっている試料を測定して目盛補正(キャリブレーション)を行う必要がある.

以前に有機化合物の精密質量分析に頻用された磁場・電場を用いた二重収束型質量分析計は,今でも最も信頼できる装置である.装置が利用できるのであれば,分子式を決定する精度の精密質量を比較的容易に求めることができる.

---

†1 正イオンでも CID MS/MS は測定されているが,負イオンのほうが上手く行くことが多い.

第3章

NMRスペクトル

有機化学は炭素化合物を扱う科学であり,これらの構造を知るためには,スペクトル上に鋭いピークを与える水素や炭素(^{13}C同位体)を観測できるNMRが最も適している.NMRの高い分解能によって,ほとんどの有機化合物においてすべての炭素シグナルを別々に観測できる.また,水素についても二次元スペクトルを用いれば大部分のシグナルを分離することが可能である.

今日の有機化学においてNMRは構造解析の主役である.極論すれば,分子量さえ正確にわかっていれば,NMRだけで正しい構造を導き出すことも不可能ではない(ただし効率的とは言えない).実際,試料の結晶が得られない場合はほとんどの構造解析をNMRで行う.本章では構造解析の具体的な手順を紹介しながら,NMRによる構造解析のコツを述べたい.すなわち,構造解析時にしばしば出くわす障害とそれをいかに克服するかについて述べる.

3.1 NMRを使うときに

1章の繰り返しになるが,有機化合物の構造解析の目的は,

① 未知化合物の構造決定
② 部分構造決定(合成品の構造確認など)

③ 既知化合物の同定

の三つである.それぞれの目的で測定方法が少しずつ異なってくるが,ここでは,主に①未知化合物の構造決定法に焦点を絞りたい.構造決定ができれば,それより容易な②や③についても,同じような手順を一部省略して行えばよい.②や③では,構造の大部分が予想できるので,はるかに簡単に目的を達成できる.

NMRの利用は構造生物学においても盛んである.構造生物学でNMRを使っている方も多いと思うので,有機化学におけるNMRの役割はどのように異なるかを考えてみる.もちろん,炭素や水素(生体分子の場合は窒素やリンもよく使われる)のNMR信号を用いて構造解析を行う点ではまったく同じである.ただ,構造生物学では主にタンパク質や核酸の三次元構造およびダイナミクスが主題となるが,これらの研究では分子の平面構造や立体配置(主に不斉炭素の帰属)は不必要である.なぜなら,生体高分子については,NMRを測定する前に他の情報からアミノ酸やヌクレオチド単量体の構造,およびそれらの配列(一次構造)はすでにわかっており,NMR測定の主目的は分子の折りたたまれ方(立体配座)とその動きを知ることである.一方,有機化合物では,まったく構造が不明の状態で構造決定を始めることも多い.したがって,まず炭素原子のつながりを決めて平面構造を得る.その後に,各不斉炭素原子の立体化学を帰属して分子全体の立体配置を決定する.立体配座(三次元構造)を問題にする場合もあるが,立体配置の決定をもって構造決定を完了するのが普通である.この章で取り上げる構造決定も,炭素同士や炭素−水素のつながりを見出すことによって,その他の酸素や窒素,リン,イオウやハロゲンといった元素の配置を決め,さらに,炭素の不斉を帰属するといった手順になる.

NMR が強力な方法であっても，構造解析を行うためには NMR 以外の情報は必要である．特に分子式や IR スペクトル，分子の極性などの情報は，NMR 測定にあわせて収集しておく．特に，構造不明な化合物の解析を行う場合には，これらの情報の重要性が増す．筆者の経験では，NMR 測定によって部分構造がある程度解明できても，不明な部分は必ず残るものである．それは，水素や炭素以外の元素で構成されている官能基であったり，水素シグナルが重複して骨格構造が不明な場合であったりするが，NMR データだけでは一義的には決定できないことが多い．このようなときには，IR スペクトルが大きな役割を果たすことがしばしばある．特に，ニトロ，アジド，ジアゾ，硫酸エステル，ジスルフィドなどの官能基，炭素と水素以外の元素で構成される官能基については，IR が有効であり，逆に ^{1}H NMR と ^{13}C NMR は無力と考えるべきである．

NMR を用いて有機化合物の構造を決定するためには，五つの段階に分けることができる．

① 試料の調製
② 炭素骨格構造の決定
③ 立体配置の決定
④ 絶対立体配置の決定
⑤ 立体配座の推定

となる．以下この順番に沿って，実際に有機化合物の構造決定を行うことを想定し，実験手法を中心に解説する．なかでも，③について少し詳しく述べることとする．なぜならば，NMR 構造解析において最も誤りを犯しやすいのがこの段階であり，したがって，最もコツを必要とするのもこの段階であるからである．

3.2 NMR測定試料の調製

構造解析に使用するサンプル溶液の調製方法について述べる．たとえば C_{60}・フラーレンのように有機溶媒に溶けにくい化合物もなかにはある．良好なスペクトルを短時間で測定するためには，5 µmol 以上の試料量があったほうがよい．通常の直径5 mm の試料管を用いた場合に，溶液量が 400 µL であるとすると，12.5 mM の濃度に溶かす必要がある[†2]．多環芳香族などを除く低極性の分子で，分子量が500以下のものは，まず重クロロホルムに溶解させてみる．十分な濃度の試料溶液ができそうならば，測定時間の短縮のために 100 mM 位の濃度に調製するとよい．こうすることで，構造決定に必要な二次元スペクトルを各々15分〜1時間で測定することができる．重クロロホルムでは十分な溶解度が得られない試料には，重アセトン（acetone-d_6），重ピリジン（pyridine-d_5），重ベンゼン（benzene-d_6），重メタノール（methanol-d_6）などの重水素化溶媒を試す．これらの溶媒は，99.9%以上の高い重水素化率のものが比較的安価に入手できる（ピリジンは高価）．溶解度の低い試料が，単一の NMR 溶媒で溶けなかった場合には，2種の溶媒を混合してみる．たとえば，ピリジンとメタノールの混合溶液は，酸性物質を溶かすのに優れているし，クロロホルムでは極性が低すぎる場合には，それに少しずつメタノールを加えてゆくと適当な極性の溶媒を調製できる．これらにも溶けない高極性（もしくはイオン性）化合物に対しては，重水（D_2O），重ジメチルスルホキシド（DMSO-d_6）や重ジメチルホルミアミド（DMF-d_6）を用いるとよ

[†2] 必要な液量はプローブ中のコイルの長さに依存している．試料量が十分あるときには，600 µL 程度の試料溶液にしたほうが分解能調整が容易になる．

3.2 NMR 測定試料の調製

い．抽出や精製の過程で水系溶媒を使ったときには，NMR 溶媒にも重水を使いがちであるが，重水は溶媒としては多少問題がある．まず，温度や pH によって溶媒ピークの化学シフトが大きく異なることである（化学シフトを決めるための標準ピークには，テトラメチルシランではなく溶媒ピークを用いることが多いが，重水以外の溶媒は充分に信頼できる内部標準になる）．一方で，重水で測定するときは DSS などの不揮発性の標準物質を入れることになり不純物が混入することになる．同様に，^{13}C NMR を測定するときには必ず内部標準となるものを入れなければならない．また，金属イオンや分子酸素の溶解性が高いことなど，NMR シグナルが広幅化する原因となることがある．加えて，OH や NH，それにカルボニルの α 水素が重水素に置き換わって観測されないこと，0℃ 以下に温度を下げることができないことが欠点として挙げられる．

　NMR 試料は，完全に溶解していなければならない．これは重要である．NMR を測定してみて，装置の分解能の良好な状態でブロードなピーク（半値幅が 20 Hz 以上）しか得られないときは，まず試料の溶解度を疑ってみる．一見溶けているように見えても，試料分子の会合などによってブロードなピークになることがある．多少でも溶けていないものが浮遊していると分解能が低下するので除去する必要がある．まず，試料を NMR 測定用の重溶媒に溶かした後にろ過を行う．筆者はパスツールピペットもしくはガラス管の先を引き伸ばして細くしたものに極少量の脱脂綿を硬く詰めたものを作っておき，これに素早く溶液を移して，ゴムキャップで加圧してろ過している（図 3.1）．試料が溶媒に溶けていれば，この操作で分解能の低下を招く浮遊物は取り除くことができる．

　低濃度の試料を調製する必要があるときは特に注意が必要である．0.1 mM 以下の非常に低濃度の試料を測定するときには，溶媒

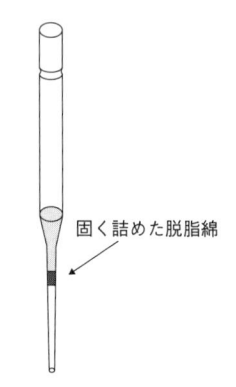

図 3.1 NMR 試料溶液のろ過に用いる管
NMR 溶媒に溶かした試料溶液は，ゴムキャップを付けて押し出すとよい．

(矢印註：固く詰めた脱脂綿)

の選択と軽水の除去が重要になってくる．重水，メタノールやピリジンなどの水分を含みやすい溶媒を用いる場合にはドライボックス中で試料調製を行う．また，溶媒や溶媒中水分のシグナル位置に試料のシグナルが重ならないかを考えて溶媒を選択することが特に重要となる．試料濃度が高いときには，二次元スペクトルを測定すれば，溶媒や軽水と重なったシグナルのクロスピークも検出することができるので，溶媒ピークはさほど気にならないが，試料濃度が低い場合には溶媒は非常に大きな障害となる．試料の溶解性にもよるが，重ベンゼンはその点良好な溶媒といえる．^{1}H NMR では，溶媒シグナルが 7 ppm 以上に，水分のシグナルが 1 ppm 以下に現れ，大部分のシグナルとは重複しないので極微量試料の測定には最も優れた溶媒である．

NMR 試料は基本的には回収する．特に天然物のように，貴重な試料の場合は測定中を除いて，保存方法にも注意する必要がある．まず，引き続き測定をする場合には，溶媒が凍結しないように低温

で遮光して保存する．このときに，試料が析出することがあるが，よく振り混ぜると再溶解させることができる．NMR試料を回収する必要がない場合でも，試料はすぐに廃棄せずにしばらくは保存すること．スペクトルを解析するときに，測定時の試料の状態を再確認する必要性が生じることがある．極性溶媒は，蒸発除去するのが難しいこともあるが，このような場合にはNMR試料管で解析が終わるまで保存する．特に，DMSOは揮発性が低く，NMR測定後に試料を回収するときに多少手間がかかるのでそのまま冷凍して保存してもよい．DMSO溶液から試料を回収するときは，大過剰の水を加えて凍結乾燥を行い，残った溶媒には同様に水を加えて凍結乾燥を繰り返す．

3.3 炭素骨格構造の決定

試料が調製できれば，いよいよNMR測定である．以下に述べる測定手順は，構造未知の有機化合物で行われる事例であり，構造によってこれらの手順は多少変化するが，基本的にある程度の数の水素が置換した炭素を含む化合物には適応可能である．まず，水素核と炭素核の一次元NMR（^{1}H NMRと^{13}C NMR）を測定する．これらのスペクトルからは色々な情報が得られるが，特に重要なのは試料が既知物もしくは既知物の類縁体かどうかを判断できる点である．実際には，二次元スペクトルを測定することによって部分構造を推定してから，それを手掛かりに既知の類似化合物を探すことも多い．試料量によっては^{13}C NMRの直接観測が難しいこともあるので，その場合には水素核観測の二次元法（HMQCやHSQC）で代用することもある．水素数が20個以下の化合物の場合には，水素共鳴周波数が100 MHz程度の装置でも測定可能であるが，できれば

最初から 400 MHz から 600 MHz の装置を使用することを勧める．そうしたほうが，水素核シグナルの分離もよいし，測定時間も短縮できる．NMR 信号の感度は，磁場強度の 1.5 乗に比例すると言われているので 100 MHz と 400 MHz の装置では 8 倍の感度差があり，測定時間は単純計算でも 64 分の 1 で済む．^{13}C NMR では，官能基によって特徴的な化学シフトを示すことが多いので，一次元スペクトルの測定だけで官能基の種類が推定できる．たとえば，カルボニル基については，炭素核の化学シフトによって，ケトン，アルデヒド，カルボキシル，カルバメートなどの区別ができるし，アセタール炭素や二重結合の数を正確に決めることができる．おおよその官能基や炭素数（できれば分子式）がわかれば，次に構造を組み立てる段階に入る．

平面構造解析のために最初に行う二次元スペクトル測定は，^{1}H–^{1}H COSY である．二次元スペクトル測定の前には，必ずプローブのチューニングを行う[†3]．COSY 法は，NMR の最も初期の実験であり失敗も少ない．このスペクトルから，水素－水素スピン結合を検出することができるので，水素のネットワークを解明できる．シグナルが広幅化しているときやスピン結合箇所が多くシグナル強度が弱いときにはスピン結合していても検出できないこともあるし，逆にメチル基などシャープで強度の大きいシグナルに関してはスピン結合による分裂が見えない場合でも検出できる．COSY をはじめとして，DQF–COSY，TOCSY などが有機化合物の構造解析

---

†3 最近の機種では，オートでチューニングが可能なことが多いので，その場合には特に行う必要はないが，その機能がない場合には，手動でチューニングを調整すること．これを怠ると，既設のチューニングが合っているときの 90° パルス幅の値（10 μ 秒前後）を設定しても，90° から大幅にずれてしまい，感度低下などのさまざまな問題を生じる．

3.3 炭素骨格構造の決定

に頻用されている．これらの特徴を表3.1にまとめて示した．

通常の有機化合物に現れる構造で，COSY等でクロスピークを与える水素のペアーとしては，ジェミナル結合（$^2J_{H,H}$），ビシナル結合（$^3J_{H,H}$），遠隔結合（$^{4,5}J_{H,H}$）があるが，このなかで特に重要なものがビシナル結合である．すなわち，隣り合う炭素同士に結合した水素間にはビシナル結合が存在するので，これを検出すれば炭素間のつながりがわかる．その他の構造情報として利用できるのは，$^{4,5}J_{H,H}$で，二重結合水素には通常遠隔結合が観測されるので，二重結合上に水素が一つしかなくても容易に炭素の繋がりを決めることができる．COSYは四級炭素によって水素のつながりが分断されると思われているが，実際には，二重結合上の水素から遠隔結合が検出されることがほとんどで，芳香族を除けば，通常の二重結合によってスピンネットワークが分断されることはない．

これらのスピン結合を迅速に解析するためには，COSYと同時にTOCSYのスペクトルを用いるとよい．TOCSYでは，一つの水素シグナルから隣の水素，その隣，またその隣とスピン結合している水素同士の相関が得られるのが特徴である．COSYスペクトルではスピン結合を持つ水素同士の結合は，二次元スペクトル上のクロスピークとして検出されるが，このクロスピークが対角線に近いときには解釈が難しくなる．このようなときには，TOCSYによってつながった一連の水素スピン結合配列を参照するとよい．シグナルがブロードな系では，TOCSYを用いると通常のCOSYでは得られない弱い相関（小さいスピン結合）を検出できることがある[†4]．

一方，飽和の四級炭素や酸素，窒素などがある場合には，前述のビシナル結合の繋がりが切断されるので構造情報が途絶えてしまう．COSYやTOCSYでは，水素同士のつながりしかわからないので，炭素骨格を組み上げていくときには，他のスペクトルを測定す

表 3.1 構造解析に頻用される二次元NMRスペクトル

スペクトル法	観測核・照射核	得られる情報	必要試料量 (μmol)*	測定上の注意点
$^1H-^1H$ COSY	$^1H\times^1H$	水素同士のつながり 検出するのは$^1H-^1H$スピン結合であるので、スピン結合が弱いとき、シグナルがブロードなとき、強度が低いときは検出できないことがある。	0.2	
TOCSY	$^1H\times^1H$	水素置換炭素が連続する部分のつながり COSYの次にH-Hスピン結合を検出するときに測定すべき二次元手法であり、COSYスペクトルでクロスピークが対角線に近いときは特に有効。	0.5	位相検出法で測定する。Spin Locking Timeが重要であるので、10 ms位と50-80 msの両方を測定してみるとよい。
DQF-COSY	$^1H\times^1H$	水素同士のつながり 通常のCOSYで検出しにくい$^1H-^1H$スピン結合がわかる場合がある。分子量が大きな化合物の場合は最初からこれを測定してもよい。	0.2	位相検出法で測定する。
NOESY	$^1H\times^1H$	核オーバーハウザー効果（NOE）による水素間の距離 NOESYとROESYがスピン結合とは注意点が異なる二次元相関法であるので、他の測定との関係で、特に重要なのは分子運動との関係で、分子量が大きくなると、高磁場装置を用いて、分子運動が遅くなる条件で測定したほうがよい。	1〜5	位相検出法で測定する。NOE強度はサンプル分子量、溶媒、温度に依存するので、測定条件に気を遣う必要がある。

手法	核	説明		備考
ROESY	¹H×¹H	ROEによる水素間の距離 NOESYとは異なり、分子運動の影響があまり気にする必要はない。ただし、スピン結合の影響が出やすいので、水素間の距離情報のみを確認する必要がある。	1〜3	分子量的にNOEが出にくい化合物に用いる。スピン結合によるアーティファクトが出やすい。
HMQC, HSQC	¹H×¹³C/¹⁵N	炭素-水素間の直接結合 HMBCを測定するときには、どちらかを必ず測定するようにする。測定時間は、HMBCの半分以下で充分だがクロスピークが観測される。	1〜3	HSQCのほうが炭素軸の分解能がよい。
HMBC	¹H×¹³C/¹⁵N	2,3結合隔てた炭素-水素間の結合 構造解析には重要な測定である。できれば、Mixing timeを変えて2,3回測定し、スピン結合の小さい相関も検出できるようにする。四級炭素、窒素で¹H-¹Hスピン結合が途切れている構造を調べるためには必ず測定する必要がある。	5〜10	位相検出法を用いると炭素一水素間のスピン結合定数が求まる。注目する炭素-水素間の結合定数が小さいときには長めのMixing timeを設定する必要があり、感度が低下することが多い。
HETECOR	¹³C×¹H	炭素-水素間の直接結合 HMQC/HSQCの炭素観測版である。試料量が多く必要であるが、炭素側の分解能を上げるときには有効である。	20以上	炭素軸の分解能がよいが、必要試料量が大きい。
HETLOC	¹H×¹H/¹³C	炭素-水素間のスピン結合定数 JBCA法を行うときになどに測定する。ノイズが解析の障害になることが多いので、できるだけS/N比のよいスペクトルを得ること。	10	ヘテロ原子、四級炭素が含まれる系には不可。

*大学等研究室で用いている400〜600 MHzの装置で測定した時の目安

る必要がある。なかでも最も有用なものが，HMBC（Heteronuclear Multiple Bond Correlation）であろう。このスペクトルでは炭素と水素間の2もしくは3結合隔てたスピン結合（$^{2,3}J_{C,H}$）が観測できる（図3.2）。すなわち，四級炭素やヘテロ原子に結合した炭素と，もう一方の炭素上の水素との結合（C-X-CH）が検出できるので，これらを隔てて炭素をつなげることができる（図3.2）。COSYなどの$^3J_{H,H}$を検出する方法とHMBCを用いれば，大部分の有機化合物について平面構造が決定できることになる。ただし，HMBCによって，水素と炭素を結び付けるときには，炭素シグナルを帰属しておかなければならない。そのためには，直接結合した水素－炭素の帰属を同時に行う必要があり，そのためにHMQCもしくはHSQCを測定しなければならない（表3.1）。

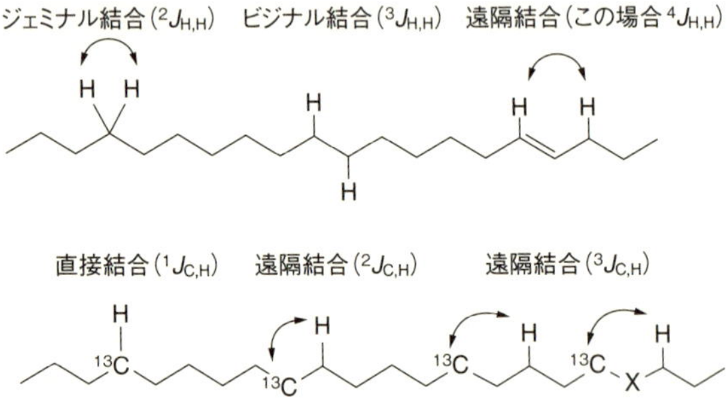

図3.2 スピン結合と構造の対応関係

---

†4 位相敏感検波法（phase-sensitive detection，以下，位相検出法と略記）で測定すべきであり，絶対値法ならば測定する意味は半減する。特に，後述のNOESYのようにピークの強度（NOE強度に対応）が重要なときは，必ず位相検出法で測定・処理するようにする。通常のCOSYにおけるウィンドウ関数の処理によって失われているブロードなピークの強度をTOCSYではある程度復活できるからである。

たとえば，有機化合物の構造決定でしばしば問題となる，エステルやアミド，エーテル結合の位置，四級炭素を含む縮合環の構造，もしくはアミノ酸や糖の配列などにも HMBC を用いれば解決することが多い．

このように，$^3J_{H,H}$ と $^{2,3}J_{C,H}$ を検出することによって，炭素骨格の構造を大部分決めることができる．しかし，実際にはそれでもわからない部分が残ることがしばしばある．その原因として，主に以下の二つのケースがある．

① スピン結合が小さく，COSY や HMBC によってもつながりが検出できない場合
② 水素シグナルが重複している場合

①のような場合には，水素同士や水素と炭素の二面角が 90°に近くなっていることが多く，スピン結合を検出するのは困難であるので後述の NOE で得られる水素－水素の距離情報を用いる．また，②の場合のように，水素シグナルの重複が激しい場合には溶媒を変えてみる．特に，ベンゼンやピリジンなどの芳香族系溶媒を用いると大幅に化学シフトを変化させることができる．しかし，たとえばメチレンが連続する場合など，構造的理由でシグナル位置が重複している場合には，溶媒を変えてもシグナルの分離は期待できない．このような場合は，まず，より高磁場の装置を用いてシグナルの分離を試みる．一方，脂肪族化合物のように，長いメチレン鎖が存在する場合には，最高磁場強度の NMR（水素共鳴周波数にして 1000 MHz）を用いても分離することは不可能なので，他の部分の構造解析を先に済ませて，その部分にあるメチレンの数を推定するという方法を取る[†5]．脂肪鎖以外でも，糖鎖や DNA のように，同じ構造

が繰り返すことによってシグナルが重複することはしばしばある．このようなときには，NMR以外の方法を用いることを考える．たとえば，結晶性のよいものについては，結晶X線解析を用いるとよいし，平面構造については質量分析を適用できる可能性もある．

図3.3に示したのは，筆者らが行ったアンフィジノールの構造決定の例であるが，この場合には，まず，分子量を質量分析から求め，それに ^{13}C NMR から得られる炭素数と炭素上の水素の数（DEPT を測定すれば簡単に求まる）から分子式を推定した後，COSY と TOCSY から水素結合のネットワークを解明した．重複の激しい部分には，高いシグナル分離能を有する炭素-13 を利用して，INADEQUATE で平面構造を決定した．通常では極端に感度の低い本測定が可能であったのは，炭素-13 の取り込み培養によって ^{13}C 標識率を 25% 向上させた試料を用いたことによる．

3.4 異常な NMR データ

これまで述べてきた NMR による解析法は，重複や広幅化があったにせよシグナルが観測されていること，常識的な範囲内に化学シフトが観測されていることを前提としていた．しかし，異常な NMR スペクトルのデータに遭遇することがしばしばある．これらデータを常識的に解釈しても正しい構造は得られない．平面構造を推定するときには，これらの異常な NMR データが障害になることは意外に多いので，珍しい例ではあるが参考のために紹介する．

たとえば，比較的明確に化学シフトが区分されている ^{13}C NMR

---

†5 このような部分が複数あると NMR だけでは各部のメチレンの数を求めることは不可能である．質量分析による CID MS/MS 実験を行うなど，NMR 以外の方法を試す必要がある．

3.4 異常な NMR データ　31

1 次元 ¹H&¹³C-NMR の測定 ⎫
　　　　　　　　　　　　　⎬ ·················· 分子式（$C_{70}H_{136}O_{23}$）の推定
質量分析（FAB-MS）　　　 ⎭

COSY, TOCSY の測定　·················· 部分構造の推定

¹³C を強化した試料を用いた INADEQUATE の測定 ···· 全平面構造の決定

E.COSY, HETLOC によるスピン結合定数の測定 ······ 相対立体配置の決定

分解反応および改良 Mosher 法の適用 ············ 絶対立体配置の決定

構造決定の手順

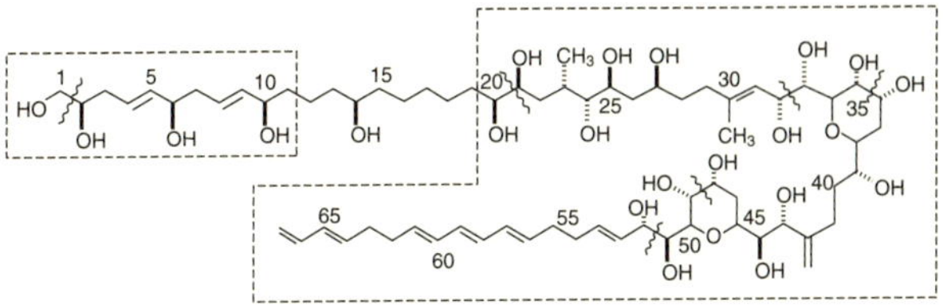

アンファジノール 3 の構造

┌----┐ COSY, TOCSY によって平面
└----┘ 構造が決まった部分

～～ $NaIO_4$ によって切断される結合

図 3.3　天然有機化合物の構造決定の例（アンフィジノールの場合）

アンフィジノールは，植物プランクトンが生産する抗真菌物質である．構造決定は，主に NMR を用いて行われた．まず，FAB イオン化質量分析法で求めた分子量と ¹³C NMR から求めた炭素数および DEPT スペクトルから求められる炭素上の水素数から分子式が推定された．その後，COSY と TOCSY によって平面構造の推定を試み，図に点線で示した部分の平面構造が明らかとなった．しかし，C 10–C 20 部分には化学シフトが類似したメチレンが 8 個存在していたので，炭素間の結合を直接観測できる INADEQUATE 法を用いてこの部分の構造が解明された．また，立体配置を解明するために，通常の NOE による方法に加えてスピン結合定数を用いる方法が適用された．¹³C の測定を容易にするために，ユニフォームに 25% ¹³C 標識したアンフィジノール 3 が調製され，INADEQUATE と HETLOC（炭素－水素間のスピン結合定数）が測定された．絶対立体配置の決定には，過ヨウ素酸（$NaIO_4$）分解で得られた分解物（C 2–C 20, C 21–C 24, C 33–C 50 フラグメント）のヒドロキシル基を MTPA エステル化した誘導体を用いた．

においても，例外的に高磁場に現れる二重結合炭素がある．たとえば，アルケンの化学シフトは 100–145 ppm と教科書に書かれているが，ある種のエノールのエーテルやピロン環の 2 位の炭素は極端に高磁場に観測され（図 3.4 a），同様にエノールのオレフィン水素が ^{1}H NMR で 4 ppm より高磁場にシフトする例が知られている（図 3.4 b）．このように，周辺の構造によっては教科書に書かれている官能基別の化学シフトと合わないものがしばしば出現するので注意を要する．また，異方性の影響を強く受ける ^{1}H NMR 化学シフトでは，結合上は遠くにある芳香族やカルボニルなどの異方性官能基が空間的には近づいていて化学シフトに大きな影響を与えることがある．

続いての例は，筆者が経験した NMR シグナルが観測されない例である．図 3.4 (c) の三つのエーテル環構造は，シガトキシンの中央付近を示している．天然物では左右にエーテル環が連なっていて 13 環からなる構造を有する．この点線で囲った部分（水素で 8 個，炭素で 6 個）の ^{13}C と ^{1}H NMR シグナルは通常ほとんど観測さ

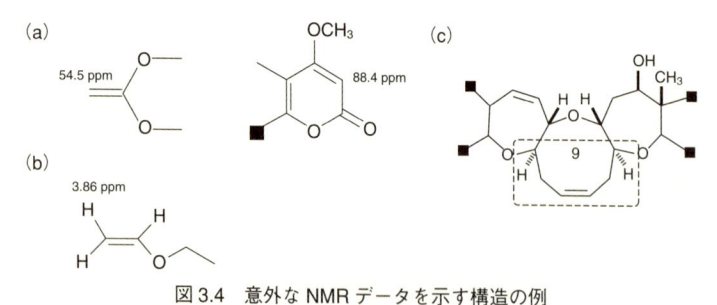

図 3.4 意外な NMR データを示す構造の例
(a) ^{13}C NMR 化学シフトの例．酸素置換炭素の隣接位のオレフィン炭素に見られる例
(b) ^{13}C NMR 化学シフトの例
(c) 配座交換によって生じるシグナルの広幅化の例．シガトキシンの 9 員環の配座交換によって点線枠の部分の ^{1}H, ^{13}C NMR が室温では観測されなくなる．

れない.特に変わった構造に見えないが,実は中央の9員環オレフィンの左右の結合が部分的に回転することによって配座交換をしており,それがシグナルの広幅化を引き起こしている.幸いこの化合物の場合は−20℃の測定でシグナルが現れ,また,優勢な配座のシグナル強度が強かったので,通常のNMR手法で構造解析を行うことができた.このように,天然物ではかなりの頻度で構造のゆ・ら・ぎ,配座交換,互変異性によってシグナルが極端に広幅化して観測されなくなる.分子式から考えて,一部のシグナルが観測されていないと思われるときは,温度を上げるか,下げるかしてNMR測定を行うとよい.それでも解決しないときは,NMR溶液を酸性(重酢酸の添加)もしくは塩基性(重ピリジンの添加)にするとか,完全アセチル化などの化学誘導を行うこともときには必要である.

3.5 立体配置の決定

NMRを用いた立体配置の決定にはいくつかの方法が用いられている.ここでいう立体配置とは不斉炭素の相対的関係であり[†6],分子の三次元的な形を意味する立体配座とは異なる意味である.環状構造の場合には,NOEが最も頻繁に用いられており,いくつかの注意点を守れば,確実かつ直感的に相対立体配置を決定することができる.一方で,複雑な構造の化合物では,ある程度の知識と注意力がなければ,しばしば間違った構造を導くことになる.また,鎖状の構造上に存在する不斉炭素の帰属には別の方法が適用できる.以下にこれらの方法に焦点を当てて解説する.

---

†6 化学構造の標記方法を定めたIUPAC規則でいわれている相対立体配置 R^*, S^* をその一連の不斉炭素について帰属することを意味する.

3.5.1 NOE を用いた立体配置の決定

立体構造の決定は，相対立体配置と絶対立体配置（後述）の二つの段階に分けることができる．相対立体配置の解析には，核オーバーハウザー効果（Nuclear Overhauser Effect, NOE）とスピン結合定数が最も頻繁に用いられる．NOE は，水素核が空間的に接近しているときに観測されるもので，一次元でも二次元でも測定できるが，その強度や符号が測定条件によって著しく変化するので解釈には注意が必要である．まず，NOE はサンプルの分子量，磁場強度，溶媒の粘性に依存し，これら3条件でそれぞれの値が大きくなるほど NOE はマイナスのほうに変化する．NOE にはプラス／マイナスが定義されているので，マイナスになっても NOE の強度が減少するとは限らない．NOE の符号は，相手方の水素核を照射した場合に観測水素核の積分値が増加した場合をプラスとして，積分値が減少する場合をマイナスとしている．NOE の符号にかかわらず，絶対値が大きいほうが検出が容易である．分子量が500以下の化合物を普通の条件で測定すると，NOE はプラスの値を取るが，分子量が大きくなると次第に減少し NOE がまったく観測されなくなる場合がある．500 MHz の装置で分子量800～1000位の化合物を測定すると NOE が観測されないことが多い．また，温度が高いほど NOE はプラスのほうに動く．すなわち，一般に分子の運動が活発なほどプラスになる．また，1000 を越す分子量の化合物やタンパク質では，通常 NOE は常にマイナスであるので，分子の運動をより遅くすることによってマイナス側に強度を大きくすることもできる．NOE は通常二次元法である NOESY[7] で測定し，これで十分なことが多い．一方で，NOE の強度を比較したいときは，一次

---

†7 NOESY は必ず位相検出法で測定すること．

元の NOE 差スペクトルのほうが信頼性は高い．また，微小な NOE を観測したいときには，傾斜磁場を用いた GOESY が適している．NOESY の mixing time は NOE の強度に大きく影響するので，低分子化合物の場合は 80〜300 msec を中心に条件を変えて測定したほうがよい．以下に，有機化合物の立体配座の決定に NOE を用いるときの注意点を挙げる．

① サンプルの分子量が 800−1000 位で通常の測定では NOE を与えない領域に入っている場合には，条件を変えて測定する必要がある．筆者は，ピリジンなどの極性溶媒中，試料温度を 0 から−15℃ にして測定している．また，常に正の値を取ることが知られている ROE（Rotational Frame Overhauser Effect）を利用することによって，NOE と同質の情報を得ることができる．そのための二次元スペクトルとしては ROESY が用いられている．

② 水素原子間の距離が 4 オングストローム以内であれば NOE は観測される可能性がある．これは，E 型（トランス）二重結合においても水素間に NOE が観測される可能性があることを示している（Z 型（シス）と比べて 20% ほどの NOE が出る場合もある）．したがって，立体配置の帰属には，NOE の有無だけではなく強度を比較するべきである．同じ化合物中では Z 型が E 型より顕著に強い NOE を与えることは間違いないので，分子内で空間的距離のわかっている水素と比較するのが望ましい．

③ NOE による立体配置を調べるときは，ある立体配置と立体配座を仮定して分子の三次元モデルを作り，観測された NOE が矛盾なく説明できるかどうかで妥当性を判断するこ

コラム 2

NMRを用いた糖鎖のタンパク質との結合配座解析

　糖鎖は，タンパク質の輸送や品質管理，細胞接着やシグナル伝達，細菌やウイルスの感染などさまざまな生命現象に密接に関連し，核酸とタンパク質に次ぐ第三の生命鎖としてその重要性が増してきている．糖鎖は分岐構造を有することが特徴となっており，構造同定や化学合成のプロセスを複雑にしている．糖鎖がその生理機能を発揮するためには，糖鎖とタンパク質間ならびに糖鎖同士の相互作用が鍵をにぎる．この構造基盤を明らかにするため，水溶液中における糖鎖の立体配座解析に関する研究が行なわれている．

　糖鎖は水溶液中で多様な立体配座をとりうる一方，タンパク質に結合した状態ではその配座が固定される．溶液中において糖鎖などのリガンドとタンパク質の結合状態の配座を解析する手法として，Transferred（TR-）NOE測定がある（Glaudemans et al., Biochemisty, **1990**, *29*, 10906）．NMRのタイムスケール以下でリガンドとタンパク質の結合・解離の交換が速く起こった場合，リガンドのNMRシグナルは結合状態の情報を有する（図参照）．結合タンパク質の存在下NOEを測定することで，得られたリガンドシグナルは結合の有無ならびにその立体配座の情報を含む．低分子リガンドは，タンパク質と結合することで回転相関時間（τ_c）が遅くなり，高分子様の振る舞いを示す．結果として，同一条件で測定したタンパク質非存在下でのシグナルと比べ，その符号が正から負へ変化したり，負のNOEシグナルの強度の増加をもたらす．また，得られたNOEの相関は結合状態の構造情報を有する．すなわちタンパク質存在下で新たな相関シグナルや相対強度変化などが観測されることも多く，このシグナルをタンパク質とリガンドのモル比を変えて測定して，解離定数（K_d）をもとに詳細に解析することで結合状態の配座を解析できる．

　ただし，天然物を用いた場合などはリガンドとタンパク質の結合・解離の交換が非常に遅い場合（概して結合が強い場合）が考えられる．そのような条件

下では相互作用は起こっているのに，TR–NOE シグナルが観測されないこともあるので注意が必要である．このような場合に備えて K_d 値を別途見積もっておく必要がある．

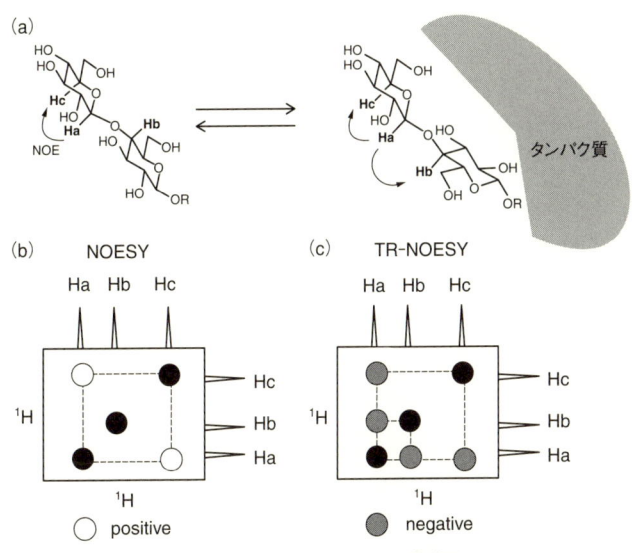

図　NOESY，TR-NOESY の概略図
(a) リガンドとタンパク質が結合−解離の速い交換をしている．(b) リガンドのみでの NOESY と (c) タンパク質存在下での NOESY（TR-NOESY）．結合状態を反映した新たなシグナルが出現するとともに，シグナルの符号が変わる．

（大阪大学大学院理学研究科生体分子化学研究室　花島慎弥）

とが多い．このときに，立体配座が固定している3～9員環では比較的問題は少ないが，大員環や非環状構造のように配座が多数存在する場合には，すべての立体配置と配座についてNOEデータを検証せねばならず必ずしも容易ではない．この場合には，分子力場計算など計算機化学的手法を併用するとよい．

④ NOESYやNOE差スペクトルでNOEを観測する場合には，スペクトル上にNOE以外に飽和移動による信号が共存していることがある．すなわち，試料化合物が遅い配座交換や互変異性を起こし，一つの化合物から2組のシグナルが観測されている場合には，それぞれの配座もしくは異性体の同じ水素の間にマイナスのNOEと同じシグナルが現れる．一般に，飽和移動の現れたシグナルはNOEに比べて強度が大きいことが多いので見分けることができる[†8]．また，一次元測定では，照射時間を延ばすと飽和移動による相関シグナルの強度は著しく変化する．

3.5.2 スピン結合定数を用いた立体配置の決定

スピン結合定数は，NOEに次いで立体配置と配座の決定に用いられる．有名なKarplus式で知られるように，$^3J_{H,H}$は水素核の二面角に依存しており，0°と180°で極大，90°で極小（ほぼゼロ）を示す．たとえば，椅子型シクロヘキサンにおける1,2-ジアキシアル水素の組はねじれ形配座のアンチ形で，二面角が180°になり大きな$^3J_{H,H}$を示すが，それ以外はゴーシュ形で60°になり$^3J_{H,H}$値

[†8] REOSYスペクトルでは，飽和移動によるクロスピークはROEとは逆側に観測されるので容易に見分けることができる．

は小さい（図3.5）．

　速い相互変換をする複数の立体配座が共存している場合には，NOEの解釈が非常に難しくなる．これは，存在確率の低い配座でも大きなNOEを与える可能性があるためで，NOEだけでは主要な配座を特定できないことになる．一方，スピン結合定数は，複数配座が相互変換しているときでも，それらの加重平均と考えてよいので主要な配座を特定することができる．したがって，鎖状分子のようなフレキシブルな立体配座を取る化合物の場合には，スピン結合定数を用いたほうがよい．水素－水素ビシナル結合と同様の関係は炭素と水素についても知られており，立体配座の決定に用いられている．近年，この原理を利用した方法である J 基準立体配置解析法（J-Based Configuration Analysis，JBCA法）がさまざまな天然有機化合物に適用されることが多いので，以下に解説する（加えて章末の『特論 NMR 立体化学』を参照）．

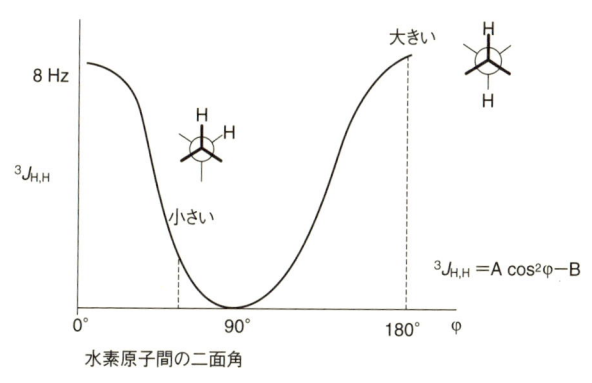

図3.5　二面角と水素同士のスピン結合の関係・Karplus 式

$^3J_{H,H} = A\cos^2\varphi - B$

(1) 水素間および炭素−水素間のスピン結合定数（$^3J_{H,H}$ と $^{2,3}J_{C,H}$）の測定法

水素間スピン結合に関しては，Karplus らによって二面角とスピン結合定数との関係が定式化されて以来（図3.5），いろいろな測定法や構造解析法が開発されてきた．同様に，炭素−水素間の3結合隔てたスピン結合定数についても，この Karplus 型の関係が成り立つことが知られている（図3.6）．また，炭素−水素の二結合を隔てた定数（ジェミナルカップリング＝$^2J_{C,H}$）に関しては，水素と隣接の炭素のスピン結合定数が，その炭素上の酸素と水素の二面角に依存する．この場合は結合定数自体が負の符号を持つが，水素が酸素に対してアンチに位置するときにはスピン結合の絶対値が小さくなり，ゴーシュのときには大きくなる（図3.6）．水素間のスピン結合の測定法としては，二次元スペクトル上のクロスピークのパターンから結合定数を求める方法が開発され一般化してきている．DQF-COSY や E.COSY ではクロスピークを与える水素核同士のスピン結合定数をクロスピーク中の位相の異なるピーク間の距離として求めることができる．すなわち，E.COSY では二つのピークのずれとして受動カップリングが現れるので解析が容易である[†9]．炭

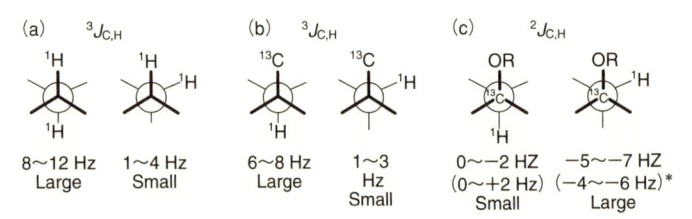

図 3.6 スピン結合定数と水素−水素および水素−炭素の二面角
＊^{1}H 側の炭素にも OR が置換したときの値

素－水素間の遠隔スピン結合についても，二次元スペクトルのクロスピークから求める方法が開発されている．なお，炭素－水素に対しては，1 結合以上隔てた場合を遠隔スピン結合と呼ぶことが多い（図 3.2）．本項では，低分子有機化合物の測定を行う場合に感度やシグナルの分離の点で適している hetero half-filtered TOCSY 法（HETLOC）の適用例について簡単に述べる．HETLOC は，低分子はもとより分子量が比較的大きい化合物にも有効な方法である[†10]．HETLOC は本質的には，水素核のうち ^{13}C とカップリングしているシグナルについてのみ TOCSY 相関を検出する二次元スペクトルである．ここでは，炭素に直接結合する水素（F1 軸，縦軸）と，その炭素と遠隔スピン結合している水素（F2 軸，横軸）との間に観測されるクロスピークが $^2J_{C,H}$ の情報を含んでおり，直接結合した C-H による $^1J_{C,H}$ で上下に分裂したクロスピークのずれとして $^2J_{C,H}$ が現れる（図 3.7）．スピン結合定数の測定精度を上げるためには，F2 側に十分なデジタル分解能を確保する必要がある．スピン結合ではなく NOE によって相関が得られるときには NOESY による磁化移動を用いる方法も利用でき，HETLOC と同様に $^2J_{C,H}$ を求めることができる．また，位置特異的に ^{13}C で標識した試料を用いれば，hetero half filter は必要ないので，通常の TOCSY を測定し，同じように解析すればよいことになる．

HETLOC の適用が困難な場合には，もう一つの方法である HMBC を利用する．この HMBC では，クロスピーク強度をスピン結合定数の簡単な関数として表すことが可能であり，ある水素－炭素につ

[†9] 受動カップリングとは，そのクロスピークを与えている二つの水素の間のスピンカップリング以外のものをいう．

[†10] HETELOC や E.COSY などの二次元スペクトルからスピン結合定数を測定する方法については，『特論 NMR 立体化学』に詳しい説明がある（巻末参照）．

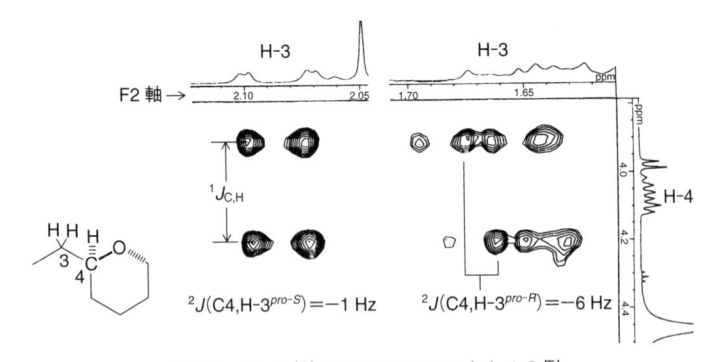

図 3.7　オカダ酸の HETLOC スペクトルの例

$^1J_{C,H}$ で上下に分裂した H-4 の ^{13}C サテライトピークが，さらに $^2J_{C,H}$ で左右に分裂した結果，上下のクロスピークのずれを測るだけで簡単に $^2J_{C,H}$ の値を求めることができる．図のように J 値の符号がマイナスのときは，右上から左下にずれが起こり，プラスのときは左上から右下にずれる．オカダ酸の構造式は，図 3.10 を参照．

【出典】 Matsumori *et al.*, *Tetrahedron,* **1995** *51*, 12229–12238

いてスピン結合定数が求まっていれば，それ以外の炭素との結合定数は HMBC のクロスピーク強度から容易に求めることができる．HMBC の展開時間については，測定すべき $^{2,3}J_{C,H}$ の逆数の 1/2 に設定することで，単純にはクロスピークの強度は最大になるはずであるが，実際には横緩和の影響であまり長くは設定できない．δ 値は 250 ms（＝2 Hz）程度が限度であり，分子量が 500 を超す有機化合物では 30–80 ms が適当であろう．

(2) 立体配置の解析方法

　二つの配座が高速で相互変化しているような系では，各々の配座のスピン結合定数を推定することができれば配座の存在比を決めることができる．天然有機化合物の直鎖状部分の不斉炭素は，メチル基などのアルキル基およびヒドロキシ基などの酸素官能基が置換す

ることによって形成されることが多い．通常，このような置換基では，二面角が60°もしくは180°になるので，対象となる立体配置についての二つのジアステレオマーに各三つの回転配座が存在することになる．表3.2にアンチ形とゴーシュ形を取るときのスピン結合定数を $^3J_{H,H}$, $^2J_{C,H}$, $^3J_{C,H}$ について示した．これらの値は，酸素の置換位置によって異なるので注意が必要である．図3.8に示した合計六つの配座を区別できれば相対立体配置も決定できることになる．よく使われている水素同士のスピン結合定数だけでは一つとして立体配置が決まらないが，水素と炭素の遠隔スピン結合定数 ($^{2,3}J_{C,H}$) を考慮すると六つのうち四つまでが区別可能となる．水素がゴーシュ形に配置するときは，図3.8に示すようにすべて四つの配座（A-1，A-2，B-1，B-2）は区別できるが，アンチ形の場合には，

表3.2 2,3-2置換ブタン系における水素と炭素のスピン結合定数

酸素	$^3J_{H,H}$ anti	gauche	$^2J_{C,H}$ gauche[a]	anti[b]	$^3J_{C,H}$ anti	gauche (Hz)
	Large	Small	Large	Small	Large	Small
Non-	9–12	2–4	—[c]	—	6–8	1–3
Mono-	8–11	1–4	−5––7[d]	0––2[d]	6–8	1–3
Di-	7–10	0[e]–3	−4––6[f]	2–0[f]	5–7[g]	1–3[g]

酸素官能基の置換によって3つの場合に分けて示した．
これらの値は立体異性体によって少しずつ異なる．
a,b：酸素官能基が水素に対してそれぞれ gauche，anti の場合
c：酸素官能基など電子吸引基がない場合には，$^2J_{C,H}$ は二面角依存性を示さない
d：$^2J_{C,H}$ 値は酸素が置換した炭素とその隣の炭素上の水素のもの
e：値がゼロになるのは図3.8のA-1でX，Yが酸素官能基の場合
f：$^2J_{C,H}$ 値は酸素が置換した炭素とその隣の酸素が置換した炭素上の水素のもの
g：$^3J_{C,H}$ 値は酸素が置換した炭素上の水素と，その隣の酸素が置換した炭素上の炭素のもの

A (threo)

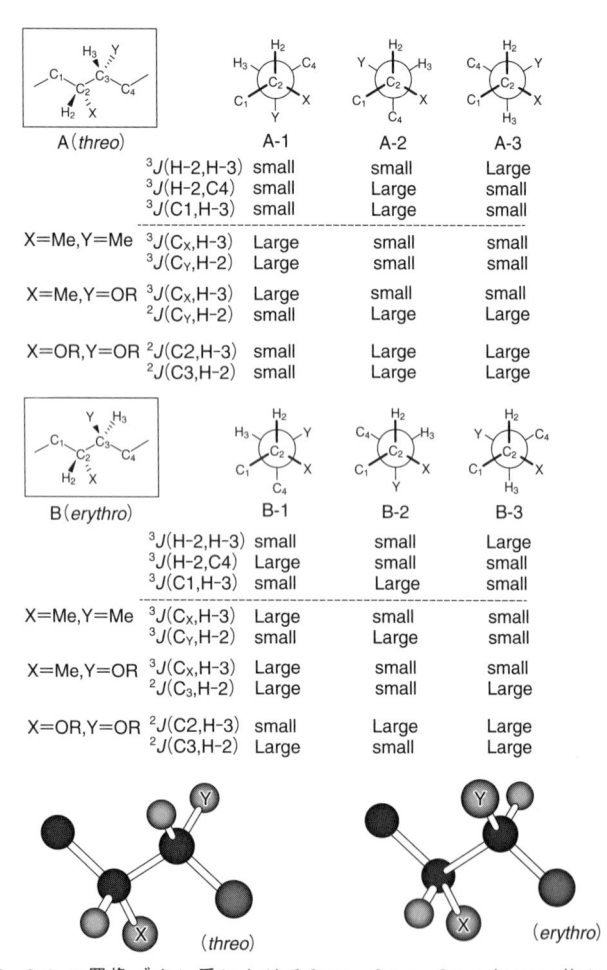

	A-1	A-2	A-3
^3J(H-2,H-3)	small	small	Large
^3J(H-2,C4)	small	Large	small
^3J(C1,H-3)	small	Large	small

X=Me, Y=Me			
^3J(C$_X$,H-3)	Large	small	small
^3J(C$_Y$,H-2)	Large	small	small

X=Me, Y=OR			
^3J(C$_X$,H-3)	Large	small	small
^2J(C$_Y$,H-2)	small	Large	Large

X=OR, Y=OR			
^2J(C2,H-3)	small	Large	Large
^2J(C3,H-2)	small	Large	Large

B (erythro)

	B-1	B-2	B-3
^3J(H-2,H-3)	small	small	Large
^3J(H-2,C4)	Large	small	small
^3J(C1,H-3)	small	Large	small

X=Me, Y=Me			
^3J(C$_X$,H-3)	Large	small	small
^3J(C$_Y$,H-2)	small	Large	small

X=Me, Y=OR			
^3J(C$_X$,H-3)	Large	small	small
^2J(C$_3$,H-2)	Large	small	Large

X=OR, Y=OR			
^2J(C2,H-3)	small	Large	Large
^2J(C3,H-2)	Large	small	Large

図 3.8 2,3-二置換ブタン系における $^3J_{H,H}$, $^3J_{H,C}$, $^2J_{H,C}$ と threo 体および erytho 体の回転配座の関係

Large, Small の値は表 3.2 を参照．特にメイル基とヒドロキシ基が置換した場合を示したが，他の官能基でも求めることはできる．電気陰性基が置換した場合にはスピン結合の絶対値が少し変化する．

両方の立体異性体が同じスピン結合定数を与えてしまい区別できなくなる (A-3, B-3). このような場合でも, NOE を用いると区別できることが多い.

実際に水素と炭素の遠隔スピン結合定数 ($^{2,3}J_{C,H}$) を測定するためには, 前章で述べたように二次元スペクトルを用いる. 通常, 立体配置決定のためには各立体配置やそれらの「配座交換のペアー」を区別する必要が生じる. すなわち, 図 3.8 などにある「large, small」とその中間的な値を区別する必要があるが, このためには 0.5-1.0 Hz のデジタル分解能が必要となる. 一方で, 表 3.2 に示した典型的な水素−水素と水素−炭素の結合定数に基づいて, 立体配置を調べるためには高精度のスピン結合定数値は必ずしも必要ではなく, スピン結合の大小の区別がつけばよい. また, 図 3.8 に示したように五つの定数をすべて求める必要はなく, $^1H-^1H$ に加えて, 2 個の $^{13}C-^1H$ 結合定数を求めれば A-1, A-2, B-1, B-2 の区別は可能である. ただし, 低 S/N 比などによって測定精度の低い場合もあるので, 複数の $^{2,3}J_{C,H}$ を測定してできるだけ多くの値から判断を下すべきである.

この方法は, 上述のヒドロキシ基やメチル基以外にも, 塩素, アルコキシル基, アセトキシ基などのエステル性酸素置換基や, 硫酸エステル基などを有する直鎖状系にも適用され有効性が立証されている. 大きな立体障害がない限り他の元素が置換した直鎖状構造にも当てはまる. 不斉炭素が二つ隣接している部分で, JBCA 法を適用するときの手順を図 3.9 示した.

観測された $^3J_{H,H}$ 値：　　　4 Hz 以下　　　4 〜8 Hz　　　8 Hz 以上

観測された $^{2,3}J_{C,H}$ が典型的な gauche もしくは anti の値をとる　　　　　　　　No

Yes

A-1/A-2 or B-1/B-2 の配座が混合していて立体配置はスピン結合からは決定できない

A-3 or B-3 の配座に相当 NOE を用いる必要がある

図 3.8 にしたがって立体配置を決定できる

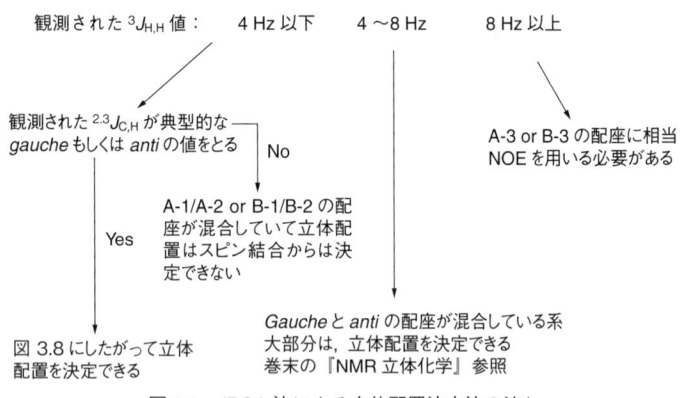

Gauche と anti の配座が混合している系 大部分は，立体配置を決定できる 巻末の『NMR 立体化学』参照

図 3.9　JBCA 法による立体配置決定法の流れ
連続する不斉炭素・2,3-二置換ブタンの場合．

(3) 立体配置の解析例—オカダ酸の場合—

以下に，JBCA 法の適用例として海洋天然物の構造研究を見ていきたい．オカダ酸は渦鞭毛藻と海綿動物から得られた化合物であり，非常に強いタンパク質脱リン酸化酵素の阻害剤として知られている．その鎖状部分 C 27–C 28–C 29 には 1,3-不斉炭素が存在しており，主鎖にメチル基とヒドロキシ基が置換している天然物でよく現れる構造である．C 27–C 28 に関しては，図 3.10 に示した三つの回転配座が可能である．メチン—メチンの場合と同様に，水素と炭素の遠隔スピン結合定数を加味して考えると，三つの回転配座がすべて区別できる．図 3.10 に示したように，メチン水素に対してアンチにある水素とゴーシュにある水素の立体特異的帰属も可能である．両水素ともゴーシュでも C 25 との関係で右側の水素か左側の水素かの区別ができる．C 27–C 28 については，H^S が H^l（低磁場側に観測されるシグナル）で H^R が H^h（高磁場側）であるので，こ

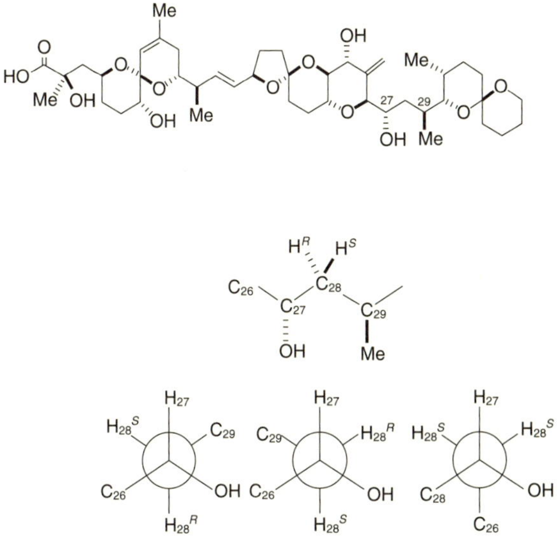

	実　測	a	b	c
^3J(H27,H28^S)	: 3 Hz	Small	Large	Small
^3J(H27,H28^R)	: 11 Hz	Large	Small	Small
^3J(C26,H28^S)	: 1 Hz	Small	Small	Large
^3J(H26,H28^R)	: 2 Hz	Small	Large	Small

図 3.10　オカダ酸の C 27–C 28 の回転配座とスピン結合定数の実測値

のうち，実測値と合うものは a の回転配座のみであり，したがって C 26–C 27–C 28–C 29 の二面角が決まる．と同時に C 28 メチレン水素の立体特異的帰属も可能になる．同じことを C 28–C 29 に対して行うと，この部分の立体配座と C 29 メチン水素との関係が一義的に決定できる．これにより，C 27 および C 29 とプロキラルな C 28 水素との関係が求まり，したがって自動的に C 27 と C 29 の相対立

体配置が帰属できる．このようにして，1,3位の不斉炭素の立体配置を決定することができる．

(4) J 基準立体配置解析法（JBCA法）の適用限界と注意点

　以上のように，有機化合物の非環，直鎖状構造の立体配置の決定に炭素－水素間の遠隔スピン結合定数が有用な情報となり得る．ただし，隣り合うメチンの水素がアンチ形配座を取っているときには，NOEなどの助けが必要になるので一層注意を要する．以下の場合には直接適用できないので，J 値以外のデータとの併用が必要になる．

① 回転配座がねじれ形配座をとらないとき，二面角が60°または180°から15°以上ずれるときには J 値が中間的な値となる．ただし，これは通常直鎖状化合物ではまれである．このような場合はゴーシュ形に相当するスピン結合値が観測されないので，配座交換が起こっている場合と見分けることは可能である．

② ヘテロ原子や sp^2 炭素を含む場合，酸素原子やC＝C結合，ケトンなどの平面構造で隔てられた不斉炭素には適用できない．

③ メチンが三つ以上つながる系，または，水素化学シフトが近接して二次のスピン結合が顕著な系では，クロスピークのずれや強度がスピン結合定数と対応しなくなる．

　このように，多少の制限はあるものの，従来困難視されてきた非環状化合物の立体配置決定に炭素－水素の結合定数を新しく導入することによって構造の精度が格段に向上する．NOEと併用して欠

点をうまくカバーすれば，測定法も単純であり普及型 NMR 装置で測定可能なので，JBCA 法が直鎖状有機化合物の解析に有用である．

3.5.3 ユニバーサル NMR データベース法—もう一つの立体配置決定法—

鎖状化合物や大環状化合物に含まれる不斉炭素を帰属する際には，JBCA 法を用いても困難なことがあるので，複数の方法を試してみることは重要である．信頼性が高く便利な方法として，ユニバーサル NMR データベース法を簡単に解説する．この方法は，ハーバード大学の岸義人教授のグループによって開発され，天然物によく現れるアルキル主鎖にヒドロキシ基とメチル基が複数置換して生じる不斉炭素の立体配置の帰属に使われている．基本的には，「鎖状構造に不斉炭素を有する化合物の NMR データは，その部分構造と同一の立体配置を有する天然物のデータとかなりの精度で一致し，それ以外のジアステレオマーとは一致しない」，という経験則に基づいて考案された．岸らは，天然物の構造によく現れるフラグメントについて，すべてのジアステレオマーを化学合成し，天然物の相当する部分と ^{13}C NMR 化学シフトを比較することによって，上記の経験則が正しいことを証明している．現在では合成化学者によって，数多くの構造フラグメントについてこの経験則が成り立つことが検証され，この経験則の正当性については合意が得られている．たとえば天然物とその部分構造の合成品を比較する場合，注目する不斉炭素クラスターからメチレン二つ隔てたところの構造が違っても，その炭素の化学シフトに大きな差は現れないということであり，炭素であると 3 結合，水素であると 4 結合隔てれば構造の違いをある程度は無視しても構わないということになる．岸らの

論文によると，^{13}C NMR 化学シフトで 0.5 ppm，^{1}H NMR で 0.03 ppm 以内で一致することが多いとのことである．筆者の経験もほぼ同じであるが，天然物の構造多様性を考慮すると ^{13}C NMR で 1.0 ppm，^{1}H NMR で 0.05 ppm が，立体配置が一致しているどうかを

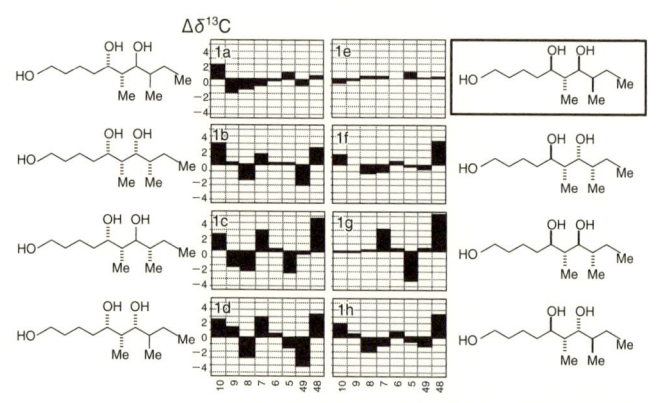

Org.Lette.,**1999**,*1*,2181-2184

図 3.11 ユニバーサル NMR データベース法の一例

Oasomycin の 4 つの連続する不斉中心の相対立体配置を決定するために，すべての可能なジアステレオマーの ^{13}C NMR 化学シフトを比較したところ，1e のみが誤差範囲で一致した．これによって，天然物 oasomycin の C 6–C 9 の相対立体配置が決定できる（図に示した絶対配置は天然物と逆になっている）．

【出典】岩下　孝，楠見武徳，村田道雄：『特論 NMR 立体化学』講談社（2012）より引用後，改変

分ける目安と考えられる．

図 3.11 に示した oasomycin の例でいうと，四角で囲んだ C_6〜C_9 の四つの不斉炭素の ^{13}C NMR 化学シフト値は，同じ相対立体配置も持つ合成フラグメント（1 e）で約 1 ppm 以内で一致する．したがって，読者がこの方法を用いるときには，データベースが存在するかどうかをまず確かめる必要がある．現時点で，報告されている不斉炭素を含むフラグメントの構造を図 3.12 に示した．

具体的な実験手順としては，まず天然物の ^{13}C NMR スペクトルを測定してシグナルの帰属を行い，立体配置を予想する部分の化学シフトを正確に求める（岸らの論文では，NMR 溶媒として DMSO-d_6 や重メタノールを用いている）．次に，天然物とデータベースの化合物の間で構造が異なる部分の ^{13}C NMR 化学シフトの差を計算する．この計算の精度は，構造が共通する部分の外側の置換基の影響を見積もるためなのであまり問題にならない．原著論文でも ChemDrawPro など簡易型ソフトウェアーで計算している．これらの化学シフトの違いを，データベースに収録されているすべての可

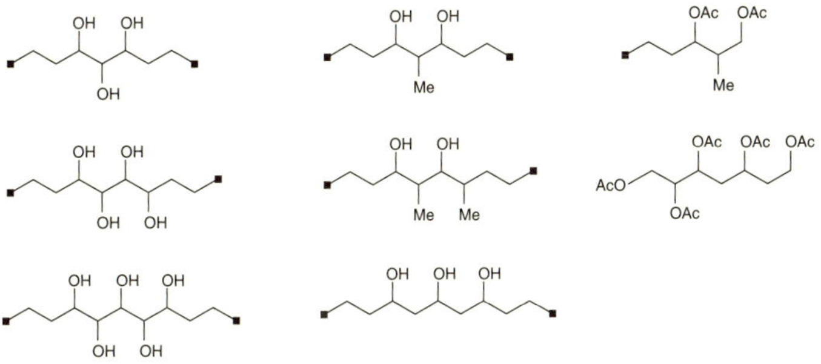

図 3.12 ユニバーサル NMR データが求められているフラグメント構造
【出典】岩下　孝，楠見武徳，村田道雄：『特論 NMR 立体化学』講談社（2012）より引用後，改変

能なジアステレオマーと比較する．図3.11にあるように，正しい（天然物と同じ）ジアステオマー（1e）のずれは他のものに比べて圧倒的に小さい．このユニバーサルNMRデータベース法はその後も発展しており，化合物によってはデータベースがなくても，比較的高い精度で立体配座を推定できる方法が開発されている．

コラム 3

新しい手法による立体配置の予測—残余双極子を利用する

本手法は，通常溶液ではゼロになっている相互作用を異方的環境下で少しだけ復活させることによって，NMR核のペア（通常はC–Hベクトル）と外部磁場とのなす角度について情報を得ようというものである．利用する相互作用は，磁気双極子相互作用（magnetic dipole coupling）である．すなわち，分子がある一定の方向で配列したときには，ジアステレオマー間で，それぞれの不斉炭素からのC–Hベクトルと磁場の方向（Z軸）が異なることに着目している．NMR核は小さな磁石と見なすことができ，図 (a) に示したように，隣接する核に対して磁気的な影響を及ぼす．つまり，核の α 状態もしくは β 状態による磁場の違いによって，観測核の化学シフトが変化することになり，これを磁気双極子相互作用という．しかし，溶液では溶存分子は非常に早い分子運動を行っており，この相互作用は完全に消えている．ここにたとえば，脂質二重膜の断片などの磁場に配向する物質や，磁場と同じ方向に伸ばしたゲルなどを入れて，NMR試料管内に磁場方向に並びやすい環境を作ってやると，この双極子相互作用が少しだけ現れる．これをRDC (Residual Dipolar Coupling) という．この環境に存在する試料はいわば磁場方向に向いた壁に囲まれることになり，Z軸について少しだけ異方的になる（試料分子がほんの少しだけ磁場と平行になる割合が増える）．この相互作用は通常のスピン–スピン結合と同程度であり，溶液NMRで解析するには都合がよい．図 (b) の例では−2〜20 Hz

3.6 絶対立体配置の決定

絶対立体配置をサンプルそのままの NMR で知ることは原理的に不可能である．しかし，NMR で相対的な立体配置を知ることができるので，絶対立体配置がわかっている不斉炭素を導入してやればよい．代表的な方法は，Mosher により開発され，後に楠見らに

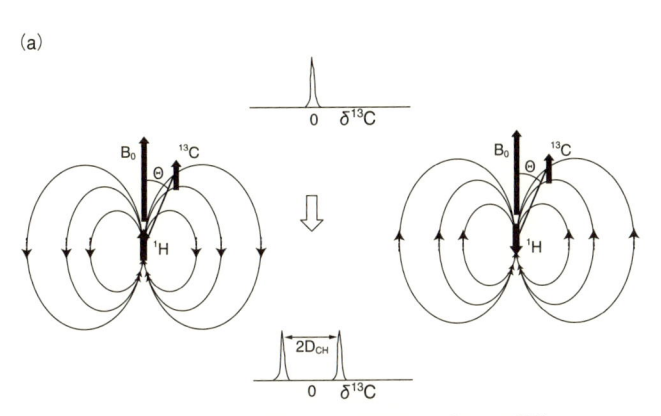

図 ^{1}H-^{13}C 磁気双極子による^{13}CNMR シグナルの分裂

(a) 磁気双極子相互作用とは核の磁気が直接影響を表すことによる．
溶液では，分子の速い運動によって磁気双極子相互作用は完全にキャンセルされており，シグナルは分裂しない（上のシングレットピーク）．しかし，分子が外部磁場に対して配向する環境では，この相互作用がほんの少しだけ復活する（下のダブレットピーク）．溶液における残余双極子の相互作用の存在下では，溶質に対する平均した相互作用がほぼ等しくなるので，それぞれのシグナルは基本的にはダブレットとして分裂し，その分裂幅は外部磁場と双極子相互作用のペア・^{13}C-^{1}H との角度（と揺らぎ）に依存する．

よって大幅に改良された改良 Mosher 法と呼ばれる手法である．本方法は，現在の絶対立体配置決定の標準法になっているが，不斉カルボン酸である methoxytrifluoromethylphenyl-acetic acid（MTPA）を，対象分子の二級ヒドロキシ基にエステル結合によって導入する必要がある．現在，天然物，合成品などで最も広く使われている．

程度であり，相互作用が数十 kHz にもおよぶ固体状態での磁気双極子相互作用とは大きく異なる．

図（b）を用いて，Griesinger らの論文（*J. Am. Chem. Soc.,* **2007**, *129*, 15114–15115）に従い，本手法でどのように相対配置を決めるかについて解説する．化合物は，sagittamide A という原索動物（ホヤの仲間）から得られた海洋天然物である．この化合物にも 6 連続の酸素官能基があり，すべてが酢酸エステルとなっている．立体配置は主に JBCA 法によって推定されたが，回転配座が交換している結合（C 5–C 6）と，水素が anti になる回転配座（C 8–C 9）が障害となって，この二つの配置を確定することができなかった．また，NOE を用いた解析は，配座交換が複数生じており信頼性が低い．

そこで，sagaittamide A を 2 種の条件で部分配向環境を作って，^{1}H デカップリングしない HSQC を測定した．配向環境は，調整方法の異なるポリアクリルアミドゲルで形成し，DMSO-d_6 で膨潤させて用いている．通常の $^1J_{CH}$ 結合に残余双極子に分裂が加わった分裂幅が観測されるが，C 4～C 10 の 7 個の C-H について二つの条件で測定している．その分裂幅から通常の非配向条件で測定した $^1J_{CH}$ 値を差し引くことで RDC 値を得る．その結果をまとめて，図（b）のグラフに示している．この値を C 5/C 6 と C 8/C 9 についてのジアステレオマーについて計算した RDC 値と比較したのが図（b）下部のグラフである．一目瞭然であるが，a の立体配置のみが実験値とよい一致を示しており，その他の候補が容易に否定できる．

この方法を一般的に使うことができれば，構造に関係なく立体配置が推定でき，また，原理的には多数の回転配座を取る化合物にも適応できる．環状化合

その原理と実際を図 3.13 に示した. この方法では, (＋)-MTPA と (－)-MTPA 両者のフェニル基による磁気異方性の違いを水素核の化学シフトから求めるもので, 複数の水素シグナルが利用できる点が優れている. 詳しい解説は成書『特論 NMR 立体化学』を参照するとよい.

物などの強固な骨格を持った化合物には適応が比較的容易であるが, フレキシブルな化合物については配座の割合を見積もるのが難しく, まだ広い範囲には応用されていない. コンフォメーションの推定が比較的容易になってきたので, 将来性が高い方法論と言える.

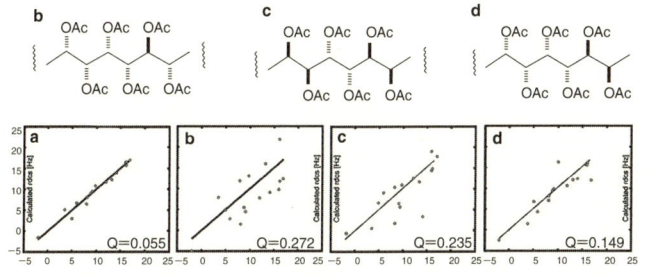

(b) Segittamide A の残余双極子相互作用 (RDC) による立体配置の推定式 a, b, c, d について計算した RDC と実験値を比較すると, a の立体配置のみが一致していることがわかった. Q 値は計算値と実験値のずれを表しており, この点でも a の一致がよいことがわかる.

【出典】Schuetz et al., J. Am. Chem. Soc., **2007**, *129*, 15114–15115

56   第3章 NMRスペクトル

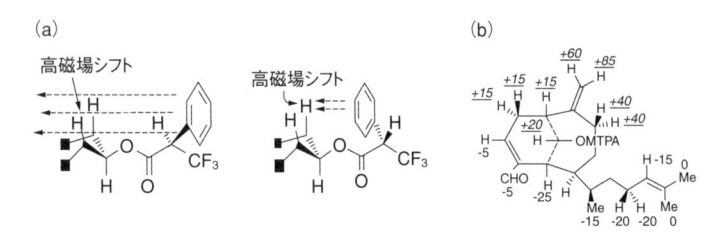

図 3.13 改良 Mosher 法の原理
(a) ベンゼン環置換カルボン酸である MTPA の両鏡像体を天然有機化合物の二級ヒドロキシル基に導入すると，異方性効果を持つベンゼン環からの距離が鏡像体間で異なることによって，ヒドロキシ基の右側と左側の水素が別々の化学シフトを与える．これを利用して絶対立体配置を決定することができる．(b) サナダオールへの適用例．中央付近の二級ヒドロキシ基を (＋) および (－) MTPA エステルに誘導し，(－) エステルから (＋) エステルの化学シフトを引いた値を示している．点線を隔てて上方と下方で化学シフトがプラスとマイナスにはっきり分かれていることがわかる．(a) で示した遮蔽効果の差が，MTPA 中の不斉炭素とサナダオール中の二級ヒドロキシ基炭素との関係で化学シフトの変化となって現れている．これによって二級ヒドロキシ基炭素の絶対立体配置が決定できる．
【出典】『第 32 回天然有機化合物討論会講演要旨集』p 246

3.7 立体配座（コンフォメーション）の推定

　有機化合物の構造決定は，通常絶対立体配置の決定をもって完結するのが一般的であり，立体配座の解析は特殊な場合に限られる．しかし近頃，医薬品開発における構造活性相関や合成医薬品のデザインなどで，低分子の立体配座を正確に求める必要性が高まっている．最も一般的な方法は，NOE を用いるものである．また，3.5 節で述べた立体配置の決定法では立体配座を仮定することによって立体配置の帰属を行っていたので，立体配座解析も基本的には同様の方法で行えば決定できる（一方，立体配置のみが目的のときには，逆の配置を否定すればよいので正確な配座を求めなくてもよい）．

3.7 立体配座（コンフォメーション）の推定

立体配座を精度高く求めるためには計算機化学的な方法の助けが必要となる．この方面のソフトは，現在，優れたものが多数存在するが，Allinger らの分子力場計算の発展型が主流であり，立体配座の精度も良好である．具体的には，MacroModel, Discover/Insight II, Scigress Explorer などが市販されている．これらのデータを解釈するうえで重要なことは，計算によって求められた配座はあくまでも多数存在する比較的安定な配座であって，それぞれの配座エネルギーの差は通常あまり正確ではない．溶媒和などの NMR の測定条件を計算で再現するのは極めて困難であるので，高極性やイオン性化合物に関しての精度は決して高くない．実際のサンプルの配座が計算結果のなかに含まれている可能性は高いが，その溶液中の存在確率は NMR など実際のデータから求めるしかないのが現状である．

実際の立体配座解析の手順となると，化合物によってさまざまである．大環状化合物を例にとると，まずは NOE を測定して，1,3位以上の遠隔相互作用を調べる．特に，1,4位以上離れた炭素状の水素間の NOE は必ず立体配座の情報を含むので，強度が弱くても重要である．次に，これら NOE のすべてを説明できる立体配座を探す．このときには実物の分子模型を使うのが効率的である．特に，メチレン水素の立体特異的帰属は間違えやすいので慎重に行う．二つのメチレン水素の化学シフトがお互いに接近しているときには，NOE があてにならないことがあるので[†11]，スピン結合などを加味して帰属するようにする．一つの配座ですべての NOE が説明できないときは，立体配置が誤っているか，二つ以上の立体配座が交換しているかを考える．前者の場合は，もう一度立体配置の帰

---

†11 詳しくは次の論文を参照のこと：J. Keeler, D. Neuhause, M. P. Williamson, *J. Magn. Reson.*, **1987**, *73*, 45–68.

属をやり直すことになり，後者の場合は著しく配座解析が難しくなる．一つの妥当な配座が得られたら，次に分子動力学計算（Molecular Dynamics）を行う．計算条件は，できるだけNMR測定に近いものを選ぶ．特に溶媒の誘電率は配座の安定性に影響を及ぼす

コラム 4

結晶スポンジ法による天然有機化合物のX線結晶構造解析

天然物の構造決定では，サンプル量の少なさや結晶性の悪さからNMRを第一選択とする場合が多いが，そのような化合物にもX線結晶構造解析を適用できる方法が東京大学の藤田誠教授らのグループによって報告された（*Nature,* *2013*, *495*, 461）．

この方法では，2, 4, 6-トリ(4-ピリジル)-1, 3, 5-トリアジンとCo(NCS)$_2$ またはZnI$_2$から調製される細孔性錯体結晶中に有機分子を吸蔵させることで，その分子自体が難結晶性であってもX線結晶構造解析を可能とするものである．必要なサンプル量はわずか5 µg以下，最も少ない場合ではなんと80 ngで構造解析に成功している．実験操作は，有機化合物の溶液に対し，100 µm角程度の細孔性錯体結晶1粒を2日ほど浸すだけという簡便さである．こうして結晶の細孔内に取り込まれた有機化合物は，熱力学的に安定な細孔内のポケットに収まり，結晶構造解析に必要な周期的配列が実現するのである．

結晶スポンジ法と名付けられたこの方法の特筆すべき点は，有機分子を誘導化することなくその絶対立体配置を決定できることである．同論文では立体配置既知であるサントニン（図上）の構造解析でこれを確認している．通常天然物の絶対立体配置をX線結晶構造解析で決定するには，その化合物を誘導化し，臭素などの重原子を導入する必要がある．これは，重原子からの異常散乱を利用して絶対立体配置が決定されるためである．しかし，結晶スポンジ法では，細孔性錯体結晶中にすでにヨウ素などの重原子が存在しているため，天然物を別途重原子で誘導化する必要がない．

結晶スポンジ法の天然有機化合物への適用として，海綿由来のミヤコシンA

ので，計算時に条件に入れておく必要がある．得られた安定配座のうちから，エネルギーが低い構造を10〜50種類ほど選び，それぞれの形を比較してみる．それらがほぼ一致する，すなわち，ね̇じ̇れ̇型配座が異なるもの（二面角が120°異なるもの）がなく，全体的

(図下) の立体配置決定に挑戦している．ミヤコシンA両端のヒドロキシ基の絶対立体配置はすでに新モッシャー法によって決定されていたが，分子中央に存在するC14位の立体配置は不明であり，その決定は極めて困難であることは容易に想像できる．この分子を細孔性結晶に取り込むことで，同論文中で14位をS配置と報告している．しかし，その後の合成研究によって残念ながらこの立体配置が過ちであることがわかった．ミヤコシンAのようなフレキシブルかつ大きな分子の場合，細孔内のポケットに収まった際にも分子が必ずしも同じ配列を取らず，そのためディスオーダーが大きくなり立体配置を決定するに足る結晶データの精度が得られなかったと考えられる．このようにミヤコシンAの構造解析は，図らずも本方法の天然有機化合物への適用限界も示すことになったが，鎖状分子の立体配置決定は天然物有機化学の重要な課題であり，今後のさらなる改善が期待される．

図　サントニン（上）およびミヤコシンA（下）の構造

（大阪大学大学院理学研究科生体分子化学研究室　松森信明）

に重ね合わせが上手く行く場合は，推定構造の妥当性は高くなる．このようにして推定した静的な構造も溶液中の立体配置のスナップショットの一つと考えるべきであり，実際の立体構造は高速で変化しているはずである．

第4章

UV, CD, IRスペクトル

　前章では，NMRについて比較的詳しく解説した．NMRに比べれば，地味な存在であるこれら三種のスペクトル法は，歴史的には構造決定に重要な役割を果たしてきた．現在でも，官能基の存在や，二重結合や芳香族についての共役系を調べるときなどには，決定的な情報をもたらす．ついつい後回しになりがちな，これらのスペクトル法について，構造解析において必要な場面に絞って解説する．

4.1　UVスペクトル

　有機化合物における結合電子が関係するスペクトル法のなかで，基本的な分光法であるUVスペクトルについて，まず述べる．UVスペクトルは，分子軌道における電子の遷移に起因するので，分子構造を直接反映したスペクトルを与える．一方で，実験室で通常の条件で観測できる波長範囲が200 nm以上であることから，ある程度遷移エネルギーの小さい組み合わせしか観測できない（図4.1）．また，振動順位（後述のようにIRスペクトルの対象），回転順位（マイクロ波分光の対象）が合わさってくるので，通常は非常にブロードな吸収線を与える．このような理由により，UVスペクトルから得られる分子構造情報は限定的なものとなる．それでも，共役二重結合や，多環芳香族，共役カルボニル化合物については貴重な

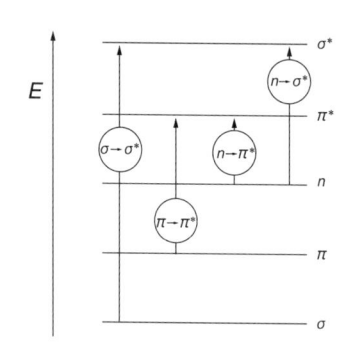

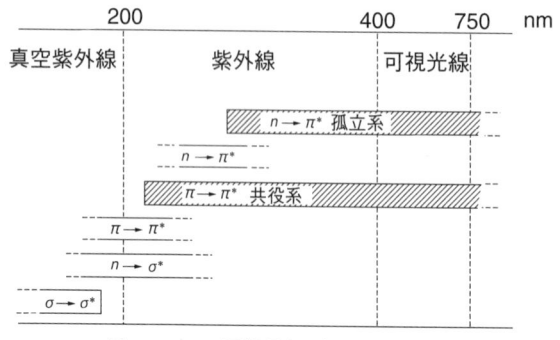

図 4.1　UV・可視吸収を与える電子遷移

【出典】馬場　章夫, 三浦　雅博訳:『有機化学のためのスペクトル解析法　第 2 版』化学同人 (2010)

構造情報となるので看過できない．

筆者の経験で, UV スペクトルが構造決定に最も役立ったのは, 天然物によく現れる共役ポリエンである. このような構造では, 中央付近の ^{1}H NMR シグナルがオーバーラップしていることが多いので, スピン結合定数が求められないことがしばしばである. UV 吸収で現れる $\pi \to \pi^*$ 遷移 (図 4.1) を用いれば, C=C 結合の E 型, Z

型が極大波長と分子吸光係数に大きく影響するので，比較的簡単に幾何異性を決定することができる．また，構造決定には直接関係ないが，構造解析のなかで正確に濃度を決めることがしばしば必要になる．あらかじめ秤量値等から分子吸光係数を求めておく必要があるが，いったんこの値を求めると UV スペクトルから簡単に濃度が決定できる．たとえば，共役ジエンを含む化合物の場合，分子吸光係数は 10^3〜10^4 のオーダーであり，数 nmol の試料量で十分な吸光度が得られるので，純度の高い試料があれば，溶液の濃度を正確に決めることができる．正確な濃度は，旋光度，生物活性評価は無論のこと，実際の構造決定にも必要なことが多い．たとえば，糖やアミノ酸，脂肪酸が結合している天然物などでは，分子中にこれら構成要素がいくつ置換しているかを知るためには試料の物質量を知る必要がある．たとえば，分解反応によってグルコースが 1 分子出てきたのか 2 分子なのかなどは，反応に供する試料の物質量がわかっていなければ求めることはできない．以上，UV スペクトルは今でも，構造決定においては比較的重要なスペクトル法であることに変わりない．

4.2 CD スペクトル

天然物の構造決定における CD スペクトルの使用は，絶対立体配置の決定にほぼ絞られる．Cotton 則は，今でも置換ケトンの絶対立体配置には有用な方法である．また，Harada & Nakanishi による励起子キラリティー法も有用な手法である．ヒドロキシ基を持つ化合物について，改良 Mosher 法でうまくいかないときは，安息香酸エステル（ベンゾエート）を作ってみて，CD スペクトルを測定するとよい．二つのベンゾイル基によって，もしくは母体内の吸収団

と相互作用して，分裂型 Cotton 効果が観測されれば，かなりの精度で絶対立体配置を決定することができる．たとえば，6員環上に隣り合う二つのヒドロキシ基を持つ化合物では，1,2-ジアキシアルの場合以外は，ジベンゾエートに誘導することによって，少量の試料でも CD を測定することによってほぼ間違いなく絶対立体配を決めることができる（図 4.2）．スペースの都合でここでの解説はこの程度に留めるが，巻末に挙げた『円二色性スペクトル』に詳しい説明が載っているので，絶対立体配置を決定する必要があるとき

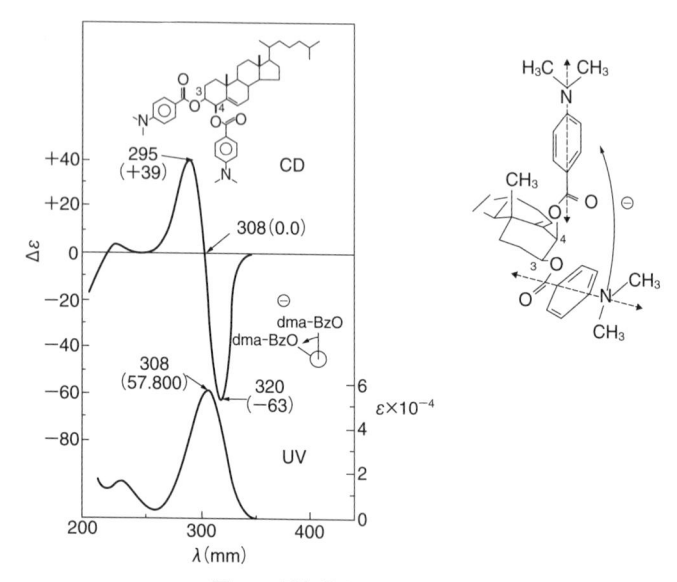

図 4.2 励起子キラリティー法

この CD スペクトルからステロイドの 3, 4 位の絶対配座が 3S, 4R と決定することができる．

【出典】原田　宣之，中西　香爾：『円二色性スペクトル―有機立体化学への応用』東京化学同人（1982）

には，使ってみることを考えるべきである．

4.3 IRスペクトル

次に，IRスペクトルについて概観する．有機構造解析で用いるIRスペクトルの波数（1 cmあたりの振動数）は 400–4000 cm^{-1} であり，市販の分光計もこの範囲のスペクトルが測定できる仕様になっている．IR分光法は基本的に分子の振動形態を測定する手法であり，ここから得られる情報から，化合物の同定ができ，構造の特徴がわかる．特に官能基，水素結合，キレーションについて構造情報を得るのに適している．UVスペクトルと異なり，定量の目的に使われることは比較的少ない．

IRで利用される振動の種類としては，結合の伸び縮みを伴う伸縮振動，結合角の変化を伴う変角振動がある．基本的な振動は，基準振動と呼ばれており，重心の変化を伴わない．たとえば，二酸化炭素には四つの基準振動があるが，そのうち対称振動は，電気双極子モーメントの変化を伴わないので，IR吸収は与えない．IRスペクトルで吸収が観測されるためには，振動の双極子モーメントが非対称でなければならない．分子をばねとおもりでできた模型と考えると，IRスペクトルの波数の大小を予測するのに役立つ．波数は，ばねの法則（フックの法則）に従うことがわかっており，結合力の平方根，質量積の平方根の逆数に比例する．同じ元素が結合している場合，一重結合，二重結合，三重結合と結合力（ばねの強さ）が増すにつれて波数は増大する．炭素－炭素結合の振動帯は，それぞれ 1200, 1700, 2100 cm^{-1} であり，ほぼこの規則にしたがっていることがわかる．また，原子量を比較してみると，ヒドロキシ基（–OH）とその重水素体（–OD）の波数の比は2の平方根になるはず

であるが，実際に，3350 と 2220 cm^{-1} であり，ほぼ当てはまっていることがわかる．このように，IR スペクトルでは，吸収位置が直観的に構造と結び付くので，NMR と同様官能基のあるなしの予想を付けるのには有効な手法である．

IR スペクトルのなかでも，カルボニル化合物の示す C=O 伸縮振動は，強度も大きく構造解析によく用いられる．^{13}C NMR スペクトルの化学シフトによって明確に同定できるのは，ケトン，アルデヒドであり，それ以外のカルボン酸，エステル，アミド，酸無水物などを区別するために IR スペクトルの情報が役立つことも多い．カルボニルの種類を同定するためには，C=O 伸縮振動以外のバンドを使うことも一般的だが，多くの経験則があり，官能基を同定するうえで有力な情報となる（詳しくは巻末の成書を参照）．

官能基のなかでも，炭素や水素を含まないものの検出に IR は有効である．たとえば，ニトロ基については，その強い電子吸引性によって置換ベンゼン類ではオルト位水素の NMR 化学シフトが大きく低磁場シフトすることなどから，類推するのが普通であるが，決め手とはならない．リン酸エステルや硫酸エステルなども NMR では判別の難しい官能基である．これらの官能基の存在が予想されるときには，丹念に IR スペクトルデータ集と見比べることも重要である．また，水素原子を含まない官能基の同定や，炭素の化学シフトが他の官能基と区別がつかないときにも IR スペクトルが威力を発揮する．^{13}C NMR 化学シフトだけでは見分けがつかない，末端アルキンやニトリルなどは 2000 cm^{-1} 台の明確な位置に吸収帯を与える[†12]．

[†12] 内部アルキンなどは，ほとんど吸収を与えないので，シグナルがないことは証拠にならない．

実際の試料の調製には，さまざまな方法が使われているが，筆者の経験ではKBr錠剤法が最も優れている．液体試料には使いにくいが，粉末にできる場合にはまずKBrで測定すべきである．脱気すること，厚くしないことなど基本的な注意事項を守れば，それほど難しくはない．

第5章

構造解析に必要な化学反応

　数十年前の構造決定では，試料を化学反応によって分解・誘導し，既知化合物に導いて，一つ一つ構造を解き明かすといった方法が取られていた．気の遠くなるような時間と手間，それに最低数グラムの試料を必要としていた．NMR万能と思われている現在の構造解析でも，化学反応を行うことが多い．目的はさまざまであるが，以下の場合には化学反応を検討すべきである．

① 糖，アミノ酸，脂肪酸などが構造の中に含まれるときは，これらを切り離し，専用の分析手法に供することによって，微量でも確実に同定できる．
② 化学的安定性や溶解性が悪く，NMRなどの溶液状態での測定が困難な化合物は，不安定性や不溶性の原因となっている構造部分を修飾する必要がある．
③ 分子量が大きいことによって，NMRシグナルの重複が激しいときや，高分解能スペクトルが得られないときは，分解反応を行って分子量の小さなフラグメントを得る必要がある．
④ 絶対配置を決める必要がある場合には，改良Mosher法に示されたように，絶対配置が既知の不斉炭素を化学的に導入して，ジアステレオマーをNMRで区別する方法が用いられる．

5.1 誘導化反応

5.1.1 全アセチル化

試料が水溶性である場合や，多くのヒドロキシ基を有する場合は，アセチル化を試みるとよい．NMR による構造解析を行う場合に，重水はあまりよい溶媒とはいえない（水溶性のものでも可能ならば一度は，DMSO や DMF などの非プロトン性有機溶媒で NMR 測定すべきである）．全アセチル化を行えば極性を下げて，有機溶媒に溶かすことができるようになる．また，全アセチル化は最も簡単な化学誘導反応であり，失敗も少ない．試料をピリジン－無水酢酸 1：1 の溶液に溶かして，一晩室温で放置する．その後，溶媒であり反応剤であるピリジンと無水酢酸を減圧濃縮などで除去すればほぼ完了であり，精製する必要もない．一，二級ヒドロキシ基はほぼすべてアセチル化される．アミノ基も同様である．6 章で述べるように，ヒドロキシ基やアミノ基の付け根のメチン水素はアセチル化によって大きく低磁場シフトするので，誘導化前のデータと比べることによってヒドロキシ基を容易に見分けることができる．

5.1.2 MTPA エステル化

3.6 章で述べたように，二級ヒドロキシ基が存在する場合には，MTPA エステル化ができれば絶対立体配置を決定できる可能性がある．この際に，注意しなければならないのは，一か所のみをエステル化できるかどうかである．二箇所の近接したヒドロキシ基がエステル化される可能性があるときは，選択的なエステル化を試す必要がある．（＋）MTPA エステルと（－）MTPA エステルの二種類を調製し，それぞれの ^{1}H NMR を測定することによって，ヒドロキシ基周辺のできるだけ多くの水素シグナルの帰属を行うことが必要で

ある.誘導反応は,それぞれのMTPAカルボン酸の酸塩化物が市販されているので,試料の有機溶媒溶液にピリジンなどの塩基を加えて反応させる.NMR測定前に生じたエステルを精製する必要がある(誘導反応の詳細は巻末の成書を参照).

5.1.3 メチル化

たとえば,試料にカルボキシル基が存在していた場合には,メチル化は有効なことが多い.カルボキシル基は,シリカゲルカラムや逆相系HPLCによる精製の折に,広範囲にわたって溶出して精製を困難にすることが多いが,メチルエステルに誘導することができれば解決できる.また,ガスクロマトグラフによる糖の分析などを行う場合には,O-メチル化を行う必要がある.また,試料がアミンを含む場合には,ヨウ化メチルによるN-メチル化反応を行い,四級アンモニウムに導くこともある.

5.2 分解反応

5.2.1 加水分解

試料にアミノ酸,糖,脂肪酸などが置換している場合は,加水分解を行うことが多い.アミノ酸を分析する場合は,通常のタンパク質やペプチドなどに用いられる塩酸中で100℃に加熱といった条件になるので,アミン酸以外の部分も分解する可能性が高い.糖の場合は,加水分解とともに,塩酸・メタノールなどの加溶媒分解(この場合はメチルグリコシドが得られる)も頻用される.脂肪酸やその他のアシル基を有する場合は,0.1〜1.0Mの水酸化ナトリウムや水酸化リチウムと水−有機溶媒(アルコールが一般的)の混合溶媒で加水分解するのが一般的である.

5.2.2 二重結合の開裂

分子量が大きい試料の構造解析を行う場合には，炭素-炭素開裂による分解反応を行うことが多い．そのときには，二重結合もしくは後述の1,2-ジオールを対象とするのが現実的で，その他の炭素-炭素開裂は困難を伴う．二重結合の開裂には，オゾン分解，四酸化オスミウム・過ヨウ素酸，メタセシス反応がある（図5.1）．オゾン分解で，ジメチルスルフィドなどで半還元を行ってアルデヒドを分解物として得るのは，副反応を伴うことが多いので，構造決定の目的のみであるときは，オゾニドを水素化ホウ素ナトリウムでアルコールまで還元したほうがよいことが多い．オゾン分解物はしばしばUV吸収を持たないので，分解物のHPLCによる分離の際に検出できないことが多い．反応混合物をUVまたは蛍光を有するカルボン酸を導入して，検出しやすくするとよい．また，最近では

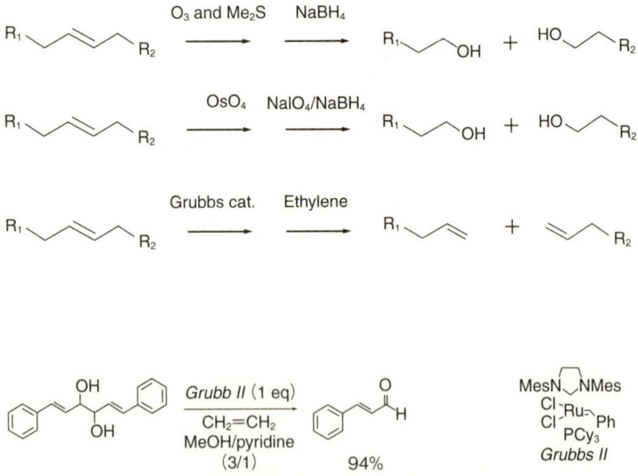

図5.1 各種化学反応による二重結合の開裂

Grubbs 触媒によるメタセシス反応によって末端オレフィンとして分解物を得る方法も有力となっている．ただし，この際，アリルアルコールが炭素－炭素開裂反応をともなって，アルデヒドとして得られることがある（図 5.1）．

5.2.3 1,2-ジオールの開裂

過ヨウ素酸（およびその塩）は，選択的に 1,2-ジオールの炭素－炭素結合を開裂する．この場合も，構造決定目的のときは，アルデヒドで止めるのではなく，水素化ホウ素ナトリウムなどでアルコールまで還元したほうがよい．また，ヒドロキシ基とアミノ基（アミド）が隣接しても反応は起こる．過ヨウ素酸分解によって，ジオールの置換していた二つの炭素の不斉が失われるので，分解の前に立体配置に関して情報を得ておく必要がある．前述の JBCA 法の適用も可能であることが多い．

二重結合や 1,2-ジオールが環構造に含まれることがある．この場合は，炭素－炭素が開裂してもフラグメントは生じない．そればかりか，環構造が失なわれることによって，不斉炭素の構造解析が一層難しくなる．貴重な試料を分解して得られた生成物が役立たないことのないように，分解反応前にどのようなフラグメントが得られてくるかを予測することが非常に重要である．

第6章

実際の構造解析上の注意点

　文中でもいくつか構造解析例を示したので，読者の大部分にとって本章の内容は重複と映るかもしれないし，実際に重複する部分も多く含んでいる．有機化合物の構造解析は，NMRのみならず，質量分析，IR，UV，CDスペクトル，化学反応を組み合わせて進んでいく．これらの有効な組み合わせによって構造決定を少量の試料量で短時間に完成させることができる．本章では，各スペクトル法では詳しくは触れなかったが，それらを組み合わせて構造解析を行うときに気をつけるべき点を中心に述べる．

6.1　NMR試料の最終精製

　ここでは，天然有機化合物を生物材料から抽出・精製して，構造決定に用いるときの注意点を述べる．天然物などの精製の最終段階では，HPLCを用いることが多いが，このときに注意するべきことは，得られた精製試料の純度である．不純物が含まれていたら，カラムの種類や溶出液を変えてHPLCを再度行って精製する．一方，無機化合物が含まれていた場合には，NMRシグナルを与えないことが多い．NMR上で検出されないということで，無視しがちであるが，シグナルの広幅化を招いたり，見た目の溶解度が低下したり，化学シフト値に影響したりするので，あらゆる不純物は除去す

べきである．したがって，精製の最終段階で緩衝液を用いた場合や，酸や塩基を用いたときにはそれらを除く必要がある．よく用いられるのが，ODSなどの逆相系充填剤をつめたカートリッジカラムであり，このカラムにいったん試料を吸着させてから，水で無機物を洗浄し，メタノールで溶出する．この操作によってほとんどの無機物は除去することができる．

また，ある程度の量の試料が得られたときは，再結晶を行うべきである．分子量が500以下の化合物ならば，通常の高濃度溶液から結晶が得られる可能性がある．単結晶X線回折に適さない結晶でも，結晶化によって試料の純度は向上するので，やってみる価値はある．ただし，試料量が数ミリグラム以下のときや，分子量が1000を超すときには充分量の結晶が得られる可能性は低いので，上述のHPLCなどの方法で精製することになる．

6.2 構造解析の前にやっておくべきこと

HPLCなどのカラムクロマトグラフィーで精製が終わった段階で，本格的な構造解析に着手する前に，まず ^{1}H NMRを測定しておくとよい．有機化合物の不純物が含まれているとすぐにわかる．積分強度が水素一つより小さいシグナルがあれば不純物由来の可能性が高い[†13]．また，得られた試料量が二次元NMRを測定するのに十分かどうかが判断できる．用いた溶媒に十分溶けているかを知るのには，高分解能のシャープな ^{1}H NMRシグナルが得られているかどうかを調べることも重要である．十分な純度であることがわかった

---

†13 純度の検定には，炭素，水素についてC, ,H, N元素分析を行うのが有効である．元素分析によって試料の純度がわかるし，構造未知の試料の場合，窒素の有無を事前に知っておくことは構造解析にとって非常に重要である．

段階で,秤量によって重量をできるだけ正確に測定する.これが難しい作業であることを心に留めてほしい.風袋重量を求めたガラス容器に,試料を有機溶媒で移しとり,溶媒を除去後にガラス瓶の重量増加を求める方法がよく用いられるが,この方法だと,1 mg 以下の重量を正確(誤差 10% 以下)に求めるのは非常に難しい.まず,全量の重量をはかるよりも,一部の重量を正確に求めるほうが容易である(その後に,HPLC や UV スペクトルによって全体の量を測ればよい).まず,十分に乾燥した試料を結晶もしくは粉末にする.その後,この固体をスパーテルで分取して,天秤上の容器(白金ボードでもガラス瓶でもよい)に直接移して秤量する.この後,試料が充分あれば元素分析を行っておく.その重量を求めた試料を用いて,UV スペクトルと旋光度,必要があれば生物活性を測定しておくこと.これらの測定時にも正確な重量が必要なので,秤量は元素分析の専門家に依頼してもよい.できれば,定量した試料を数マイクログラム用いて,HPLC のクロマトグラムをとっておくとよい.特に,UV スペクトルの分子吸光係数と HPLC クロマトグラムはその後に同じ試料の定量に必ず役立つ.

次に,質量分析によって分子量を決定する.現在では,MALDI もしくは ESI によって分子に H^+ や Na^+ が付加したイオンが観測されるので,比較的容易に分子量が推定できる.また,同時に高分解能質量分析を行うことを薦めたい.現在の装置では比較的高い信頼性で小数点以下 3 桁の質量を求めることができる.

6.3 NMR の測定と解析

上述の準備が終われば次は NMR 測定である.まずは,通常の ^1H NMR スペクトルを再び測定する[†14].水素数が 50 個以上ありそう

な化合物では,ピークの積分値から水素数を数えることはほとんど不可能であるので,独立したピークのみについて積分値を求める[†15]. 一次元 ^{1}H NMR スペクトルで重複が少なくシグナルが明確に観測でき,分裂線の幅は正確に読み取れるときには,前述の E. COSY などに頼らずにスピン結合定数を求めておく. 特に立体配置は決める際には NOE と同様に $^3J_{H,H}$ の情報も貴重である. また,メチレンの二つの水素やメチレンが二つ以上連続している水素シグナルでは,二次のスピン結合が顕著になることが多い. 300 MHz などの比較的低い磁場で測ったときには,芳香族領域でも二次のスピン結合が顕著になることがある. 二つの ^{1}H NMR シグナルの化学シフト差を $\Delta\nu$ としたとき,$\Delta\nu/J<5$ のときは二次のスピン結合を考慮する必要があるとされている. ここで重要なのは,遠く離れた位置にあるシグナルでも,スピン結合している相手のうち二つのシグナルが接近していれば,二次のスピン結合の影響を受けることである.

二次のスピン系を扱うときには,次の点で注意が必要である. 基本的には二次スピン結合しているシグナル群は,完全に独立しているとはいえず,例えば二次元でのクロスピークでも,通常ではスピン結合がない水素に二次のスピン結合を介してクロスピークが出現することがある(二次のスピン結合していると,隣同士に二つのシグナルが並ぶので,となりの領域にクロスピークがしみだしているように見える). また,一次元スペクトル上のピークの分裂幅とスピン結合定数が一致していなので,スピン結合定数を求めることが

[†14] あらゆる NMR 測定の前に ^{1}H NMR を測定しておくこと. 試料の状態を把握することができる.

[†15] この時,ベースライン補正を行って,ベースラインについての積分曲線が水平になるように調整する必要がある.

できない．このときは，gNMR などのシミュレーションソフトを使って，$^{2,3}J_{\mathrm{H,H}}$ の値を求めなければならない．

一次元スペクトルの次には，二次元 $^{1}\mathrm{H}$-$^{1}\mathrm{H}$ COSY スペクトルを測定する．短時間で測定できるし，部分構造を決めるのに大変有効である．水素数が 50 を超える場合には，水素のシグナルがしばしば重複するので，一義的に水素からのスピン結合が帰属できないことが多い．このような場合には，化学シフトを変化させるためには非芳香族系溶媒と芳香族系溶媒の二種類で二次元 NMR を測定するとよい．たとえば，ピリジン溶液で測定するとヒドロキシ基の近傍の水素は低磁場シフトする．溶媒を変えてもシグナルの重複が解消されないときは，化学反応によって構造を変化させるとよい．たとえば，ヒドロキシ基がある化合物のでは，アセチル化するとヒドロキシメチンの水素が大幅に低磁場シフトする（アシル化シフト）．COSY の測定の後には，表 3.1 に示した二次元スペクトルを順次測定する．特に，初期に TOCSY，DQF-COSY と NOESY は測定したほうがよい．次に，試料に余裕があれば ^{1}H NMR と同じ溶媒で試料濃度を上げて，^{13}C NMR スペクトルを測定する．一次元スペクトル（水素完全デカップリング法）の測定を行うべきであるが，試料量が少ない折はこの測定が最も時間を要する．CH，CH_2，CH_3 を区別するために測定する DEPT スペクトルでも代用できることもあるが，一次元スペクトルによって四級炭素を直接観測することは，正確な化学シフト値を得るためにも重要である．水素完全デカップリングと H-C 相関スペクトルを測定できていれば，DEPT スペクトルは 135°の一種類のみを測定すればよい[†16]．^{13}C NMR の測定法に

[†16] DEPT 135 で上向きに出る CH と CH_3 のシグナルは，H-C 相関スペクトルで明確に区別できる．

は，直接 ^{13}C を観測する方法と，^{1}H と相関している ^{13}C を観測する方法があり，現在では後者が主流になっている．試料量が充分で溶解度が高いときは，^{13}C 観測法である HETCOR などを用いたほうが ^{13}C 側の二次元シグナルの分離がよくなる．最近では，感度向上のために検出コイルとプリアンプを冷却した装置（クライオプローブなど）が市販されている．これらを用いると必要試料量が，表 3.1 に示した必要試料量の五分の一以下に低減できるので，微量サンプルの場合には冷却した装置を試してみる価値がある．

6.4 その他スペクトルの測定

前述のように，NMR と MS スペクトルは必ず測定する必要があるが，それ以外のスペクトルの必要性は一概にいえない．新奇の天然有機化合物の場合は，UV[†17] と旋光度を測定する必要がある．特に，学術論文を投稿する場合には，この二つを初期に測定しておいたほうがよい．また，分子量と NMR データからすでに構造が報告されている化合物（既知物）と容易に判明する場合を除いて，IR スペクトルを KBr 錠剤法で測定したほうがよい．NMR で判別できない官能基について情報を得ることができる．CD スペクトルや MS/MS スペクトルを初期の段階で測定することはほとんどない．

6.5 含有元素の推定

分子式の決定の前に官能基と含有元素を推定しておく必要があ

---

†17 特に，210 nm より長波長に吸収がある化合物では，極大波長と分子吸光係数を求める．

る．炭素と水素の大体の数は，通常 DEPT，HMQC（HSQC）などで推定する．IR スペクトルがあれば，^{13}C NMR スペクトルと併用して存在する酸素官能基を決定する．カルボニルは ^{13}C NMR スペクトルの低磁場領域のシグナルから容易に判別できる．問題はヒドロキシ基（＋エーテル基）の数であるが，ここで酸素に結合する炭素は，45～90 ppm にシグナルを与えるので，その本数を数える．また，アセタール基は 90～115 ppm のシグナルを見れば，その有無および個数を知ることができる．ここでヒドロキシ基の数を決めれば，酸素の数を ^{13}C NMR シグナルの本数からある程度正確に推定することができることになる．これを ^{13}C NMR で行うには，CD$_3$OD 溶液と CD$_3$OH 溶液で C*–OH 炭素が重水素シフトを起こすかどうかで可能であるし，化学反応では完全アセチル化によってもヒドロキシ基の数がわかる[†18]．このようにして，大体の酸素の数を推定しておくことができれば，炭素と水素数から，C，H，O の構成比を出すことができる．その総原子質量を分子量から引けば，その他の元素，特に窒素が含まれているか，また含まれているとすればどの元素なのかを推定することができる．

次に，これら元素の種類と数について調べる．これは，NMR データだけでは難しいので，元素分析や IR スペクトルの助けが必要である．窒素の有無ついては，分子量に窒素ルールを適用してみる（2 章参照）．窒素が，酸素数と匹敵するほど数多く含まれる天然有機化合物は限られている．代表的なものが，ペプチド，ヌクレオチド誘導体，ポリアミン誘導体である．これらはそれぞれ特徴的な構造を有しているので，NMR スペクトルを注意深く解析すると

[†18] ここには NH の数も含まれていることがあるので，窒素の有無を事前に調べておく．

どのグループに属するかの見当がつく．窒素が複数含まれている化合物では，元素分析を行って窒素の数を知っておくことが重要である．なぜならば，^{1}H と ^{13}C NMR だけでは窒素と酸素を区別することは困難である（窒素と酸素では構造解析法が異なってくる）．窒素が含まれている場合には，^{1}H｜^{15}N｜HMBC の情報が必要となるが，^{13}C HMBC の数倍の試料量で測定可能であり，感度の高い装置が身近にあれば試してみるべき測定法である．

次に，窒素以外の元素の存在を予測する方法について述べる．ハロゲンについては質量分析の章で述べたので省略する．イオウも質量分析を注意深く見るとわかる場合もあるが，決め手となるわけではない．硫酸エステルについては，IR スペクトルや質量分析から存在が示唆されることが多い．チオフェンやチアゾール，チアゾリンなどの芳香族に加えて，スルフィド，スルホキシドの存在はすぐにはわからない．炭素と水素の NMR 化学シフトを文献データと比べるという地道な作業が必要になる．コラム5のように，その周辺の部分構造の化学シフトを計算して比較する方法もある．リンの存在もなかなか気がつきにくい．IR スペクトルを丹念に見て，怪しいと思ったら ^{31}P NMR を測定して，化学シフトを文献データと比較することである．^{31}P は感度が高いので，試料量が問題になることは少ない．

金属イオンを除き，その他の元素で有機化合物に存在する可能性のあるものとしては，ホウ素，セレン，砒素といったものがあるが，これらが存在した場合に通常の機器分析で気づくのは非常に難しいといわざるを得ない．蛍光 X 線分析は比較的軽元素でも検出できるので，第三周期以降の元素の存在を確認するのには適している．ただし，定量性は乏しいので原子数を特定するのは困難である．ケイ素はしばしば合成品および中間体に存在するが，質量分析

やNMRでその気になって探せば見つかることが多い．合成品の場合には，あらかじめどのようなケイ素官能基（シリルエーテルなど）が含まれているかはわかっているので，ほとんど問題になることはない．

6.6 分子式の推定

上述の方法によって有機化合物中に存在する可能性のある元素を推定しておくことが，分子式の決定には重要である．また，^{13}C NMRからは炭素数や水素数のみならず，酸素数も推定することができる（2.1章を参照）．上述のように水素数の推定は，^{13}C NMRのDEPT等から炭素に結合した水素数を求めて，^{13}C–^{1}H相関スペクトルで^{1}H NMRスペクトル軸上の水素数を数えるほうが確実である．通常のC, H, Oからだけなる化合物の場合は，同じ分子量に対して酸素数と炭素数がそれぞれ一つ増減すると，水素数は四つ変化するので，質量分析で精密質量が求まっていれば比較的簡単に分子式が決定できる．これに，窒素が入っていた場合には，元素分析もしくは^{1}H{^{15}N} HMBCを行ってまずは窒素数を決めた後に，同様にしてC, H, O数を決めればよい．通常はイオン化した官能基である，硫酸エステル，リン酸エステル，四級アンモニウム塩などが存在するときは，その対イオンを分子式に含めるのが普通であるので，ナトリウム塩や塩化物塩としておく．

一方，単結晶X線回折を行う場合でも，水素原子の位置はわからないことが多いので分子式が必要になる．たとえば，窒素を含む化合物では，酸素と窒素の区別がつかないことがあるし，結合が一重結合か二重結合かがわかりにくいときがある．NMRを測定して，X線構造がNMRデータを矛盾なく説明できるかを確認することは

重要である.

6.7 平面構造の決定

平面構造の決定には,通常二次元 NMR を用いる.巻末の参考書（有機化合物のスペクトルによる同定法,これならわかる二次元 NMR）に詳しい解説がある.COSY を解析するコツは,まず,水素のスピン結合からなるネットワークの末端（分子の末端付近であることが多い）を見つけることである.たとえば,三重線のメチル基シグナル（スピン結合が約 7 Hz）があれば,それはアルキル鎖の末端であることを意味する.また,低磁場側では三重線メチレンのシグナルがあれば,メチレンがヘテロ元素に結合していることになり,それが炭素鎖の末端である可能性が高い.一方,不斉炭素が近くに存在するときはメチレンの二つの水素が非等価になるので,スピン結合は多少複雑になるが,$^{13}C-^1H$ 相関スペクトルなどの助けを借りると比較的見つけやすい.次に,二次元スペクトル上に必ずスピン結合が現れる構造と,場合によってはスピン結合しない構造を知っておくと COSY の解析が確実になる.メチン－メチンが隣り合った場合（–CH–CH–）には,しばしばスピン結合が非常に弱いことがある.鋭いピークでなければ,1 Hz のスピン結合が COSY 上で観測されないことはしばしばある.一方,二重線や三重線のメチル基シグナルからは,COSY 等の $^1H-^1H$ 二次元スペクトルでクロスピークが必ず観測される.これが観測されないようでは,測定はうまくいっていないと考えるべきである.また,ある程度の分解能が得られている場合,メチレン－メチレンにおけるビシナル結合（$^3J_{H,H}$）はクロスピークを必ず与える.また,メチレンの二つの水素が等価でないときでもクロスピークはビシナル結合のペアーのい

ずれかには観測される.さらに,メチレン－メチンでもほとんどの場合クロスピークは観測される[†19].これらのクロスピークが観測されないときには,測定条件の見直しや装置の再調整を行うか,推定構造を見直すべきである.

　水素－水素のスピン結合だけから平面構造を決定することは通常困難なので,炭素と水素の2,3-結合の情報を利用する.HMBCが最も標準的な方法であるが,直接結合した炭素－水素を帰属する必要があるので,HMQC(もしくはHSQC)を測定しておく.また,HMBCを用いると四級炭素の帰属ができる.最近では,構造解析時にNMRシグナルの帰属を記すことが求められるので,四級炭素シグナルの帰属のためだけに測定することも珍しくない.ヘテロ原子で隔てられた構造,たとえばエーテル,エステル,二,三級アミン,アミド,チオエーテルの場合も,HMBCは大いに威力を発揮するので,積極的に活用するべきである.

　平面構造を得るには,炭素骨格の解明をまず行う必要がある.これには,炭素間のつながりを求めればよいように思われるが実際はそうではなく,立体化学を考慮する必要が生じる.たとえば,テルペノイドなどのように炭素環中に四級炭素が複数存在した場合には,角度によって炭素－水素の三結合の相関がHMBCで観測されるかどうかが決まる.また,糖質などの飽和ヘテロ環では,HMBCを用いるよりもNOEのほうが原子のつながりを推定するのに役立つこともある.複雑な化合物の場合は,平面構造と立体構造を分けて,段階的に解析するのではなく,同時進行で行ったほうがよいことが多い.

---

†19　1Hシグナルがブロードニングしていて,通常のCOSYではクロスピークが観測されにくい時には,スピンロッキング時間を数msに短くしたTOCSYもしくはDQF-COSYを測定するとよい.

測定している試料が構造既知の化合物かどうかを見極めるのは重要である．そのためにも，部分構造を決めておくことは，既知化合物を検索するうえで決め手となる．近年のSciFinderなどのデータベースでは，部分構造によって容易に化合物を検索できるので，化合物を見つけ出す時間を大幅に節約できる．

6.8 立体構造の推定

立体化学の解析方法は，3章で述たように二つに大きく分けることができる．環状化合物の場合は，環のサイズが9原子以内であれば，NOEを用いて直観的に立体配置を決めることができる．たとえば，環の上面と下面にある水素原子を区別して，それぞれの水素からNOEが出る水素を帰属することによって，その水素が結合する炭素の立体配置（すわなち，環平面に対する置換基の方向）を決めることができる（図6.1）．このようなときには，環の配座が重要となるが，簡単なMD計算（Chem 3 Dなど）でもある程度信用できる配座が得られることが多い．一方，環のサイズが10原子を超える場合には，環がフレキシブルになりMD計算だけでは正確に配座（もしくはその変化）を予想できないことがある．この場合には，鎖状の立体配置決定法を応用するべきである．

鎖状構造の不斉炭素の立体配置帰属については，すでに詳細に述べたのでここでは省略する．ただし，鎖状構造では，立体配置がすべて解明できることはまれで，化学反応を用いる必要が生じることが多い．

また，最近では推定立体構造の ^{13}C NMR の化学シフトを計算することができるようになってきた．コラム5にあるように，複数の立体配座のなかから正解を見つけるときなどには化学シフト計算

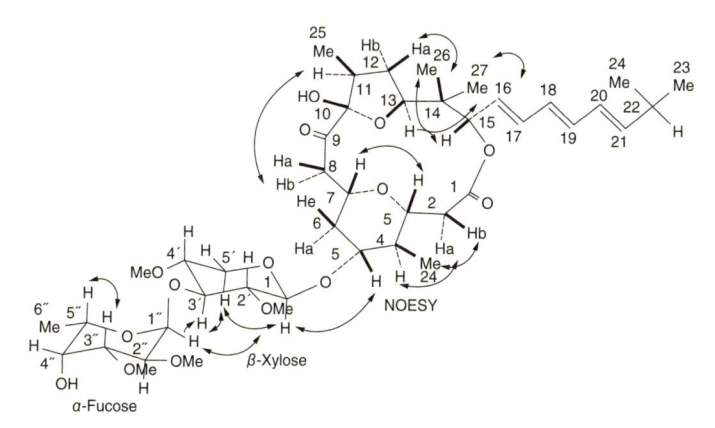

図 6.1　NOE による中員環の立体配置の解析例ポリカルパノシド A
【出典】第 34 回天然有機化合物討論会貢献要旨集　p 617

が役立つ．

6.9　化学誘導

　NMR によって立体配置まで帰属できた場合には，化学誘導は絶対立体配置を決めるときにのみ必要となる．この場合は，前述のように二級アルコールの MTPA エステル化で例示したように，絶対立体配置がわかっている試薬を共有結合によって導入するということになる．現在では，二級アルコール以外にも多くの官能基について，同様の原理によって絶対立体配置を決めることができる．詳細は巻末に挙げた成書に記されている．

　分子量が大きいなどの理由で化合物の構造が決定できていない場合には，分解反応を試みる必要がある．分子量 1500 を超える化合物では，分解反応によって対象化合物を小さくすることは，シグナ

コラム 5

計算化学による NMR 化学シフトの予測

最近，分子軌道計算の発達とコンピュータの高速化によって，NMR データの計算化学による予測が可能となってきた．たとえば，海洋天然物で強い毒性を有するポリエーテル化合物・マイトトキシンが知られている．この分子の立体配置の帰属について，生合成経路を考慮すると説明しにくい点があった．K. C.Nicolau 教授は，生合成的に妥当な立体構造と筆者らが提案した立体構造について ^{13}C NMR 化学シフトの計算を行った結果，筆者らの構造が妥当であることを示した．後にこの立体配置について，部分合成を行われ，計算結果が正しく立体異性体を見分けていることを報告している（図参照）．

このように，密度汎関数法（DFT 法）で代表される計算化学的手法によって，^{13}C NMR 化学シフトならば，数 ppm の精度で比較的正確に予測できるよ

(a)

Ladder C

⇒

生合成的に考えると J/K 環部の立地化学を与えるためには，他のところ (R,R) とは異なる S,S の前駆体を想定しなければならない．

うなった．残念ながら，スペクトルから構造を予測するまでには至っていないが，上述の例のように候補構造（特に立体化学）のどちらの構造が妥当であるかと知りたいときには有用な手法である．

(b)

著者らが提出した構造

C 48〜C 55 部分

生合成的に無難と思われる構造

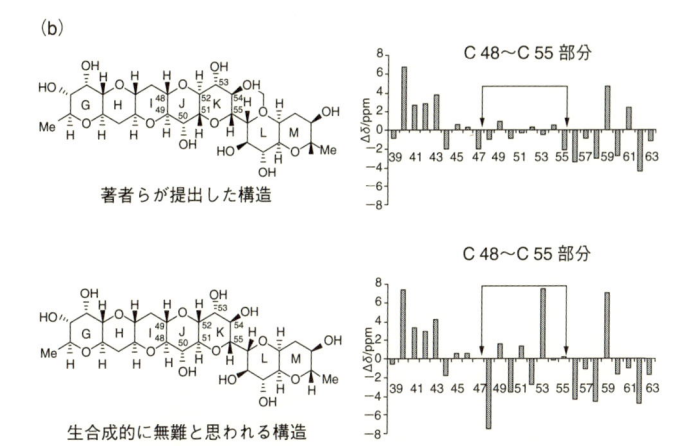

C 48〜C 55 部分

図 (a) 生合成仮説に基づくポリエポキシド前駆体，(b) 計算化学的に予測した^{13}C 化学シフトの天然物との比較

筆者らの提出構造（1）と生合成的に無難な構造（2）の二つのジアステレオマーについて^{13}C NMR 化学シフトが比較された．その結果，問題の部分（棒グラフの矢印の間）については提出構造の方がよい一致を示した．計算による予測なので精度が低く，これだけでは結論は出せないが，可能性を絞るには充分である．

【出典】(a) Gallimore; Spencer, *Angew. Chem. Ind. Ed.*, **2006** *45*, 4406
(b) Nicolaou; Frederick, *Angew. Chem. Ind. Ed.*, **2007** *46*, 2

ルの重複を減らすこと以上に,スペクトルの分解能を上げられる点で意味がある.また,平面構造決定にとどまらず,MTPAエステルを用いた絶対立体配置の決定も小さな化合物では格段に容易になるので,分解反応によって得た小さなフラグメントについて立体配置を決めるほうが現実的である.代表的な反応である過ヨウ素酸分解,およびオゾン分解を試すことが多い(詳細は第5章を参照).最近では,オゾン分解に代わって二重結合の選択的開裂にメタセシスもよく用いられる.前述のように,分解反応を行う前に,これらの分解反応を試す前に部分構造をできるだけ決めておいて,得られるフラグメントの構造を予測しておくことが重要である.

6.10 得られた構造の確認と公表

以上の段階を経て得られた構造は,論文などで公表する前に確認する必要がある.複雑な構造を有する天然物の場合には,構造決定に半年以上を要することもある.しばしば問題となるのは,構造解析が進捗するにつれて,推定構造の信憑性が変わってくることである.たとえば,初期に推定した部分構造が,その後の構造解析によって覆されることは頻繁に生じる.このような構造訂正が繰り返し生じると,それぞれの部分構造の信憑性を客観的に判断することが困難になる.分子量が大きな化合物では,部分構造に分けて構造解析することが多いが,常に他の部分のNMRデータを頭に置いておくことが重要である.複雑な有機化合物の構造決定を行うときには,思わぬ落とし穴が待ち受けていることを知るべきである.一度正しいと思いこんでしまうと,なかなか間違いに気つかない.新しいNMR測定を行うたびに,すでに片付いたと思っていた部分を含めて,見直しを行うべきである.特に,$^{2,3}J_{H,H}$, $^{2,3}J_{C,H}$, $^{1}J_{C,C}$, NOEはそ

れぞれ独立した情報と思ってよいので，水素のつながり，水素－炭素のつながり，炭素－炭素のつながり，NOE による H–H 間距離のデータをすべて比較して，推定構造の確認を行う．

まず，重要な確認手順として，類縁体の構造が報告されているときは，その NMR データを比較すること．最近では，^{1}H と ^{13}C NMR シグナルの帰属が論文または追加情報（Supporting Information とか，Supplementary data とか呼ばれる）に掲載されていることが多い．まず，共通部分の化学シフトやスピン結合定数がほぼ同じであるかどうかをチェックする．芳香環やカルボニルの磁気異方性等の立体化学的影響がなければ，構造が異なる部分から 4 結合以上離れた炭素の化学シフトは 1.0 ppm 以内（炭素の化学シフトは磁気異方性の影響を受け難い）で，水素は 0.05 ppm 以内で一致すると考えてよい．他方，残念ながら論文中の構造は誤っていることがしばしばあるので，推定した構造部分が論文発表のデータで説明できない場合は，論文構造を疑ってみる必要がある．このような場合には直接著者に連絡するのがよい．

類似の構造が報告されていない化合物の場合には，より一層の注意が必要である．筆者がよく行うのは上述のアプローチの応用で，炭素数として 7～8 個くらいが，立体配置を含めて共通している部分構造を文献から探し出し，その中心付近の ^{13}C および ^{1}H の化学シフトを調べてみる．強固な環状構造を持つ場合を除いて，その部分構造の中心の炭素と水素の NMR 化学シフトは近い値を示す．

天然物などの未知化合物の構造解析はある確率で誤りを含むと考えるべきである．どれだけ研究者が構造決定を慎重に行っても，例え単結晶 X 線回折を用いても，ある確率で誤りは含まれることは避けられないし，その確率は複雑な化合物の場合はかなり高いと考えるべきである．そこで，構造が間違っている場合，合成化学者ら

によって訂正できるように，論文発表するときに注意すべき点がある．それらを以下に列挙した．

① 論文における構造式の書き方には注意を払う必要がある．論文中に平面構造と立体配置が決まった部分（複数）を記述することがよくあるが，この場合には，すべてを一つの構造式に記載するのではなく，全平面構造と部分的な立体配置を別々に描くべきである（例を図6.2に示した）．そうしないと，立体配置が絶対配置を表すのかどうか，立体配置が描かれた複数の部分が相互に関連しているのかどうかが構造式だけからではわからない．また，立体配置を推定した部分については，RS 表示を記すようにする．相対立体配置には，R^*, S^* を用いるようにする．

② NMR データは，後の研究者が参考にするのでできるだけ詳しく公表するようにする．化学シフトとスピン結合定数を含

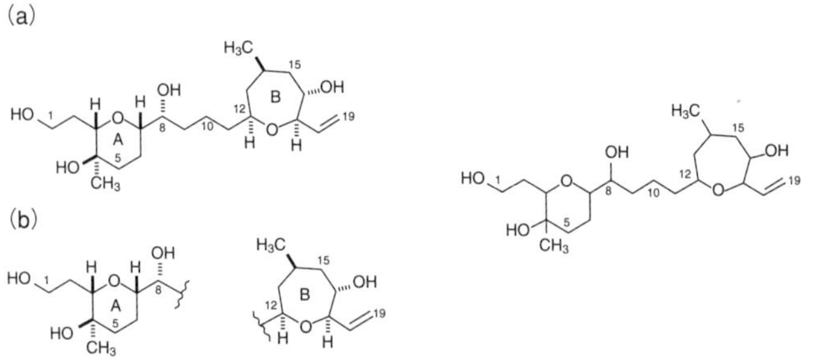

図 6.2 立体配置表示の悪い例（a）と良い例（b）（想像上の化合物）

NMR で決定できる相対立体配置は，A 環＋C 8，および B 環であって，通常は A 環と B 環の立体配置を関連づけることはできない．このようなときに，(a) の構造式では，A 環と B 環の相対立体配置が関連しているように受け取られる．A 環付近と B 環の相対立体配置（ジアステレオ関係）の関係が不明の場合には，(b) のように二つの構造部分に分けて表記する．全体構造は右のように平面構造で描く．

んだ NMR シグナル帰属のテーブルは必ず公表する．また，追加情報として，実際のスペクトルを，重要な部分の拡大スペクトルをつけて公表するように．その際に，溶媒，温度，標準物質（溶媒ピークの場合は，何 ppm としたか），溶媒シグナル除去手法（presaturation 法など）を含めて測定条件は必ず記載しなければならない．

③ 構造式は，論文の規定にしたがって ChemDraw などで描くようにする．一般的には，化合物の特徴を表す主官能基（IUPAC 命名法で優先順位が高いもの）は，できるだけ左端にくるように描く．特に，太線と点線で立体配置を表すときには，注意が必要である．図 6.3 に示したように，太線と点線を配する結合が大角の片側に来るようにする．構造は 100％客観的なものであるが，複雑な分子の構造をどうのように描くかは発表者に委ねられている．研究者のセンスが問われるところでもある．構造式は美しく描きたい．

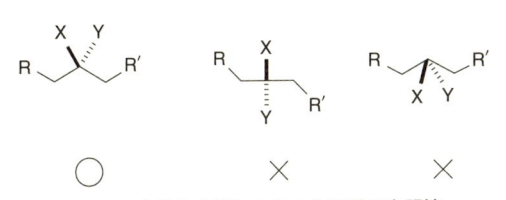

図 6.3　太線と点線による立体配置の表記法

第7章

おわりに

この短い冊子に構造解析の実際を要約することは不可能である．演習問題を含めて，優れた成書が数多く出版されており，授業や研究室の勉強会などで使っているものを巻末に記した．有機構造解析を身につけたいと思っている読者には，演習問題を解くことをお勧めする．また，実際に実験を始めている読者には，自分が扱っている天然物や合成品のスペクトルを自ら測定し，構造解析を行うとよい．実際の化合物では，演習問題中の化合物とは違い，さまざまな問題が発生する．試料量不足，純度不足，NMRシグナルの重複，測定中の分解などが構造解析の障害となることが多い．不安定化学種を扱う場合は別として，これらの大部分は実験上の工夫で克服できる．

読み進められて感じた読者も多いと思うが，本書は筆者な経験に基づいて記した部分が多い．筆者が関係した構造決定と呼べる研究例は十指に満たないし，大部分がある種の海洋天然物についてである．したがって，本書の内容も偏ったものになっているように思う．幸いにもわが国には，構造決定の真の達人が大勢おられるので，諸学兄からの率直なご助言・ご批判を頂くことができれば大変ありがたい．

本小冊子が，構造解析の達人を養成するのに役立つことは，筆者の力不足から難しいように思うが，実際の構造解析についてどのよ

うな注意が必要かを最小限お伝えできたとすれば存外の喜びである.

参考になる文献，著書

■ NMRの原理についてやさしく説明している本
安藤喬志，宗宮　創：『これならわかるNMR』化学同人（1997）
福士江里，宗宮　創：『これならわかる二次元NMR』化学同人（2009）

■ NMRの原理と装置の関係を少し専門的に知りたい時は
T. D. W. Claridge：『有機化学のための高分解能NMRテクニック』講談社サイエンティフック（2004）
A. E. Derome：『化学者のための最新NMR概説』化学同人（1991）

■ いろいろなNMR測定法と得られた情報については
日本化学会 編，岩下　孝 著：『第4版実験化学講座5 NMR』p.99-178, 丸善（1991）

■ 二次元NMRを含んだ演習問題としては
H. Duddeck, W. Dietrich：『NMRワークブック』シュプリンガー・フェアラーク東京（1990）
Silverstein ほか著，荒木　峻 ほか訳：『有機化合物のスペクトルによる同定法 第7版』東京化学同人（2006）

■ 機器分析を幅広く使って構造解析を行うときに参考となる本
Silverstein 他：『有機化合物のスペクトルによる同定法 第7版』東京化学同人（2006）
川端　潤：『ビギナーズ有機構造解析』化学同人（2005）
M. Hesse 他著，野村正勝 監訳：『有機化学のためのスペクトル解析法 第2版』化学同人（2007）

■ 試料の調整法などを知るには
『第二版 機器分析の手引き1』p.25-77, 化学同人（1996）

■ 天然有機化合物の構造解析例を知るには
伏谷伸宏，廣田　洋 編：『天然有機化合物の構造解析』シュプリンガー・フェアラーク東京（1994）

参考になる文献，著書

■ JBCA 法について
岩下　孝，楠見武徳，村田道雄：『特論 NMR 立体化学』講談社（2012）
村田道雄，松森信明，橘　和夫："炭素－水素間の遠隔スピン結合を利用した二次元 NMR による鎖状有機化合物の立体配置解析"日化誌，749-75（1997）

■ 改良 Mosher 法について
岩下　孝，楠見武徳，村田道雄：『特論 NMR 立体化学』講談社（2012）

■ CD による絶対立体配置の決定方法
原田宣之，中西香爾：『円二色性スペクトル 有機立体化学への応用』東京化学同人（1982）

■ IR スペクトル
Silverstaein ほか著，荒木　峻 ほか訳：『有機化合物のスペクトルによる同定法 第 7 版』東京化学同人（2006）

索　引

【欧文・略号】

1,2-ジオールの開裂 ……………73
^{13}C NMR ………………………24
^{13}C NMR 化学シフト ………32,50
1,3-不斉炭素 ……………………46
^{1}H{^{15}N} HMBC………………9,82
^{1}H–^{1}H COSY …………………24,26
$^{2,3}J_{C,H}$ ……………………………42
$^{2,3}J_{H,H}$ ……………………………79
2,3-二置換ブタン ………………44
$^2J_{C,H}$ ……………………………41,43
^{31}P NMR …………………………82
$^3J_{C,H}$ ……………………………43
$^3J_{H,H}$ ……………………………43

CD スペクトル …………………63
Chem3D …………………………86
CID MS/MS ……………………14
Cotton 則 ………………………63
C=O 伸縮振動 …………………66

DEPT ……………………30,81,83
DMSO–d_6 ………………………51
DMSO 溶液 ……………………23
DQF–COSY ……………………26
DSS ………………………………21

E.COSY …………………………40
ESI イオン化法…………………6

FAB イオン化法 ………………6

GOESY……………………………35

HETECOR ………………………27
HETLOC ……………………27,41,42
HMBC ……………………27,28,41,85
HMBC の展開時間 ……………42
HMQC ……………………23,27,28,81,85
HSQC ……………………23,27,28,81,85

INADEQUATE …………………30
IR スペクトル …………………19,65
IUPAC 命名法……………………93

JBCA 法 ………………………39,46
JBCA 法の適用限界 ……………48
J 基準立体配置解析法 …………39

Karplus 式 ……………………38,39
KBr 錠剤法 ……………………67

MacroModel……………………57
MALDI 法 ………………………6
MD 計算 …………………………86
MTPA ……………………………54
MTPA エステル化 ……………70,87

NMR ……………………………17
NMR 試料 ………………………75
NMR 測定試料の調製 …………20
NOE ……………………………34,39
NOESY …………………………26,34

oasomycin ………………………51

ROE ……………………………35
ROESY …………………………27,35

sagaittamide A …………………54

索引

SciFinder ················86
Supporting Information ··········91

TOCSY ··············25, 26

UV・可視吸収 ···········62
UV スペクトル ···········61

X 線回折 ···············2

π→π* 遷移 ·············62

【ア行】

アジド ················19
アシル化シフト ···········79
アセタール炭素 ···········24
アミド ················66
アルデヒド ··············24
アンチ形 ···············38
安定同位体 ··············12
アンフィジノール ··········30

イェッソトキシン ··········14
イオウ ················11
イオン ·················5
イオン化法 ···············7
位相検出法 ············28, 34
位相敏感検波法 ············28
一次元 NMR ·············23

エステル ···············66
遠隔結合 ···············25
遠隔スピン結合 ···········41
遠隔スピン結合定数 ········45
塩化物塩 ···············83
塩素 ··················10

オカダ酸 ············46, 47
オゾン分解 ··············72

【カ行】

改良 Mosher 法 ···········54
改良 Mosher 法の原理 ·······56
化学シフト ··············30
化学シフト計算 ···········86
化学シフトの予測 ··········88
化学誘導 ···············87
核オーバーハウザー効果 ·····34
化合物の同定 ·············1
加水分解 ···············71
過ヨウ素酸 ··············73
カルバメート ·············24
カルボキシル ·············24
カルボニルの α 水素 ········21
カルボン酸 ··············66
緩衝液 ················76
含有元素の推定 ···········80

基準振動 ···············65
既知化合物 ··············18
キャリブレーション ········16
共役二重結合 ············61
キレーション ············65

クロスピーク ············25

計算化学 ···············88
軽水の除去 ··············22
ケイ素 ················11
結合配座解析 ············36
結晶 X 線解析 ············30
結晶スポンジ法 ···········58
ケトン ················24
原子量 ················12
元素分析 ············9, 76

構造確認 ···············1

構造生物学	18
構造未知の有機化合物	23
高分解能質量	16
ゴーシュ形	38
互変異性	33, 38
コンフォメーション	56

【サ行】

三次元構造	18
サントニン	58
酸無水物	66
残余双極子	52
ジアゾ	19
ジェミナルカップリング	40
ジェミナル結合	25
シグナルの広幅化	32
四酸化オスミウム・過ヨウ素酸	72
ジスルフィド	19
質量分析	5
質量分離	8
シミュレーションソフト	79
重アセトン	20
重クロロホルム	20
重ジメチルスルホキシド	20
重ジメチルホルミアミド	20
重水	20
重水素溶媒	2
臭素	10
重ピリジン	20
重ベンゼン	20, 22
重メタノール	20, 51
試料の溶解度	21
シリルエーテル	83
伸縮振動	65
水素化ホウ素ナトリウム	73
水素結合	65
水素数	12
スピン結合定数	34, 38, 40, 43
スルフィド	82
スルホキシド	82
精密質量	12
絶対立体配置	53, 63
全アセチル化	70
相対立体配置	92

【タ行】

対イオン	9
大環状化合物	57
多価のイオン	6
炭素-13 の同位体	13
タンパク質	18
チアゾリン	82
チアゾール	82
チオフェン	82
窒素ルール	10, 81
低分子化合物	2
デジタル分解能	45
天然有機化合物	2, 31
同位体分布	10
糖鎖	36
ドライボックス	22

【ナ行】

ナトリウム塩	83
二次元スペクトル	24
二次のスピン結合	78
二重結合	24
二重結合の開裂	72

二重収束型質量分析計 ……………16
ニトリル ……………………………66
ニトロ ………………………………19
ニトロ基 ……………………………66

【ハ行】

配座交換 …………………32, 33, 38
パスツールピペット ………………21
ハロゲン ……………………………10
半値幅 ………………………………21

ビシナル結合 ………………………25
非芳香族系溶媒 ……………………79
秤量 …………………………………77

付加イオン …………………………10
不斉炭素 ……………………………33
部分構造 ……………………………17
プローブのチューニング …………24
分解反応 ……………………………71
分子イオンピーク …………………9
分子関連イオン ……………………6
分子吸光係数 ………………………63
分子式 ………………………………5
分子式の推定 ………………………83
分子動力学計算 ……………………58
分子力場計算 …………………38, 57
分子量 ………………………………5

平面構造 …………………18, 84, 92
ベースライン補正 …………………78
ヘテロ原子 …………………………28

変角振動 ……………………………65
芳香族系溶媒 …………………29, 79
飽和移動 ……………………………38

【マ行】

マイトトキシン ……………………88
末端アルキン ………………………66

未知化合物 …………………………17
密度汎関数法 ………………………88

無機化合物 …………………………75

メタセシス反応 ……………………72
メチル化 ……………………………71

【ヤ行】

誘導化反応 …………………………70
ユニバーサル NMR データベース法 …49

四級炭素 ………………………28, 79

【ラ行】

立体構造の推定 ……………………86
立体特異的帰属 ……………………46
立体配座 ………………………18, 56
立体配置 ………………………18, 92
立体配置の決定 …………………33, 38
硫酸エステル ………………9, 19, 66, 82
リン酸エステル ……………………66

励起子キラリティー法 …………63, 64

Memorandum

Memorandum

Memorandum

Memorandum

Memorandum

Memorandum

〔著者紹介〕

村田道雄（むらた　みちお）
1983年　東北大学大学院農学研究科博士前期課程修了
現　在　大阪大学大学院理学研究科 教授・農学博士
専　門　生体分子化学

化学の要点シリーズ 10　*Essentials in Chemistry 10*
有機機器分析　―構造解析の達人を目指して
Structural Elucidation of Organic Compounds ―Skills of Experts in Spectroscopic Methods

2014年2月25日　初版1刷発行

著　者	村田道雄	
編　集	日本化学会 ©2014	
発行者	南條光章	
発行所	**共立出版株式会社**	
	[URL]　http://www.kyoritsu-pub.co.jp/	
	〒112-8700 東京都文京区小日向4-6-19　電話 03-3947-2511（代表）	
	FAX 03-3947-2539（販売）　FAX 03-3944-8182（編集）	
	振替口座　00110-2-57035	
印　刷	藤原印刷	
製　本	協栄製本	printed in Japan

検印廃止
NDC　433.57, 433.9
ISBN 978-4-320-04415-9

一般社団法人
自然科学書協会
会員

JCOPY ＜(社)出版者著作権管理機構委託出版物＞
本書の無断複写は著作権法上での例外を除き禁じられています．複写される場合は，そのつど事前に，(社)出版者著作権管理機構（電話 03-3513-6969，FAX 03-3513-6979，e-mail: info@jcopy.or.jp）の許諾を得てください．

化学の要点シリーズ

日本化学会〔編〕
【全50巻予定】

❶ 酸化還元反応
佐藤一彦・北村雅人著　酸化(金属酸化剤による酸化/過酸および過酸化物による酸化他)/還元(単体金属還元剤/金属水素化物還元剤)/他············176頁・本体1,700円

❷ メタセシス反応
森 美和子著　二重結合どうしのメタセシス反応/二重結合と三重結合の間でのメタセシス反応/三重結合どうしのメタセシス反応/他············112頁・本体1,500円

❸ グリーンケミストリー
――社会と化学の良い関係のために――
御園生 誠著　社会と化学/自然と人間社会/ライフサイクルアセスメントと化学リスク管理/他············168頁・本体1,700円

❹ レーザーと化学
中島信昭・八ッ橋知幸著　レーザーは化学の役に立っている/光化学の基礎(光と色他)/レーザー(光の吸収と増幅他)/高強度レーザーの化学/他············130頁・本体1,500円

❺ 電子移動
伊藤 攻著　電子移動の基本事項/電子移動の基礎理論/光誘起電子移動/展望と課題/問題の解答案/コラム(分子軌道/分子移動と電気化学他)/他144頁・本体1,500円

❻ 有機金属化学
垣内史敏著　配位子の構造的特徴/有機金属化合物の合成/遷移金属化合物が関与する基本的な素反応/均一系遷移金属錯体を用いた水素化反応/他 206頁・本体1,700円

❼ ナノ粒子
春田正毅著　ナノ粒子とは?/物質の寸法を小さくすると何が変わるか?/ナノ粒子はどのようにしてつくるか?/ナノ粒子の構造/他············138頁・本体1,500円

❽ 有機系光記録材料の化学
――色素化学と光ディスク――
前田修一著　有機系光記録材料のあけぼの/日本発の発明CD-R/DVD-Rへ発展/三次元用光記録材料の化学他···96頁・本体1,500円

❾ 電　池
金村聖志著　電池の歴史/電池の中身と基礎/電池と環境・エネルギー/電池の種類/電池の中の化学反応/電気二重層キャパシタ/電池と自転車他 152頁・本体1,500円

❿ 有機機器分析
――構造解析の達人を目指して――
村田道雄著　有機構造解析とは/質量分析スペクトル/NMRスペクトル/UV，CD，IRスペクトル/他·····120頁・本体1,500円

●主な続刊テーマ●

全合成科学················佐々木 誠著
光と生物···············佐々木政子著
電子スピン共鳴ESR····山内清語著
プラズモンの化学·······三澤弘明著
液晶・表示材料·········竹添秀男著
金属錯体·········石谷 治・今野英雄著
元素化学················山口茂弘著
表面・界面　岩澤康裕・福村裕史・唯 美津木著
層状化合物　高木克彦・高木慎介・生田博志著
ケミカルバイオロジーの基礎
　········上村大輔・袖岡幹子・闐闐孝介著

※価格，続刊のテーマ・執筆者は変更される場合がございます。

【各巻：B6判・並製・税別本体価格】

共立出版

http://www.kyoritsu-pub.co.jp/